Kankan Women De Diqiu

看看我们的地球

李四光/ 著

《看看我们的地球》采用文学随笔的形式来综合反映李四光的治学、做人的品质及高雅的文学艺术素养。

吉林美术出版社|全国百佳图书出版单位

图书在版编目（CIP）数据

看看我们的地球 / 李四光著. — 长春 : 吉林美术出版社, 2019.12（2023.6重印）
（快乐读书吧 : 听读版）
ISBN 978-7-5575-5241-1

Ⅰ. ①看… Ⅱ. ①李… Ⅲ. ①地球科学一少儿读物 Ⅳ. ①P-49

中国版本图书馆CIP数据核字(2019)第278541号

快乐读书吧：听读版
看看我们的地球

著　　者　李四光
出 版 人　赵国强
责任编辑　陈　鸣
责任校对　刘明辉
装帧设计　柏拉图
开　　本　710mm×960mm　1/16
字　　数　120千字
印　　张　10
版　　次　2019年12月第1版
印　　次　2023年6月第11次印刷
出　　版　吉林美术出版社
发　　行　吉林美术出版社
地　　址　长春市人民大街4646号
　　　　　邮编：130021
印　　刷　吉林省恒盛印刷有限公司
ISBN 978-7-5575-5241-1　　定价：38.00元

CONTENTS

目 录

看看我们的地球

地球到底是怎样的一颗行星呢？地球的内部又是什么样子的呢？他的温度有怎样的规律变化呢？让我们带着重重疑惑一起来读一读吧！

地球是**围绕**太阳旋转的九大行星（冥王星于2006年被正名为矮行星，因此现为“八大行星”）之一，它是离太阳不太远也不太近的第三个行星。它的周围有一圈大气，这圈大气组成它的最外一层，就是气圈。在这层下面，有些地方是由岩石造成的大陆，大致占地球总面积的十分之三，也就是石圈的表面。其余的十分之七都是海洋，称为水圈。水圈的底下也都是石圈。不过，在大海底下的这一部分石圈的岩石，它的性质和大陆上露出的岩石的性质一般是不同的。大海底下的岩石重一些、黑一些，大陆上的岩石比较轻一些，一般颜色也淡一些。

石圈不是由不同性质的岩石**规规矩矩**造成的圈子，而是在地球出生和它存在的几十亿年的过程中，发生了多次的翻动，原来埋在深处的岩石，翻到地面上来了。这样我们才能直接看到曾经埋在地下深处的岩石，也才能使我们能够想象到石圈深处的岩石是什么样子。

随着科学的不断发展，人类对自然界的了解是越来越广泛和深入了，可是到现在为止，我们的眼睛所能钻进石圈的深度，顶多也还不过十几公里。而地球的直径却有着12000多公里呢！就是说，假定地球像一个大皮球那么大，那么，我们的眼睛所能直接和间接看到的一层就只有一张纸那么厚。再深些的地方究竟是什么样子，我们有没有什么办法去侦察呢？有。这就是靠由地震的各种震波给我们传送来的消息。不过，通过地震波获得有关地下情况的消息，只能帮助我们了解地下物质的大概样子，不能像我们在地表所看见的岩石那么清楚。

地球深处的物质，与我们现在生活的关系较少，和我们关系最密切的，还是石圈的最上一层。我们的老祖宗曾经用石头来制造石斧、石刀、石钻、石箭等从事劳动的工具。今天我们不再需要石器了，可是，我们现在种地或在工厂里、矿山里劳动所需的工具和日常需

要的东西，仍然还要向石圈要原料。只是随着人类的进步，向石圈**索取**这些原料的数量和种类越来越多了，并且向石圈探查和开采这些原料的工具和技术，也越来越进步了。

最近几十年来，从石圈中不断地发现了各种具有新的用途的原料。比如能够分裂并大量发热的放射性矿物，如铀、钍等类，我们已经能够加以利用，例如用来开动机器、促进庄稼生长、治疗难治的疾病等。将来，人们还要利用原子能来推动各种机器和一切交通运输工具，要它们驯服地为我们的社会主义建设服务。

这样说来，石圈最上层能够给人类利用的各种好东西是不是永远**取之不尽**的呢？不是的。石圈上能够供给人类利用的各种矿物原料，正在一天天地少下去，而且总有一天要用完的。

那么怎么办呢？一个办法，是往石圈下部更深的地方要原料，这就要靠现代地球物理探矿、地球化学探矿和各种新技术部门的工作者们共同努力。另一个办法，就是继续找寻和利用新的物质和动力的来源。热就是便于利用的动力根源。比如近代科学家们已经接触到了的好些方面，包括太阳能、地球内部的巨大热库和热核反应热量的利用，甚至于有可能在星际航行成功以后，在月亮和其他星球上开发可利用的物质和能源等等。

关于太阳能和热核反应**热量**的利用，科学家们已经进行了较多的工作，也获得了初步的成就。对其他天体的探索研究，也进行了一系列的准备工作，并在最近几年中获得了一些重要的进展。有关利用地球内部热量的研究，虽然也早为科学家们注意，并且也已做了一些工作，但是到现在为止，还没有达到大规模利用地热的阶段。

人们早已知道，越往地球深处，温度越高，大约每往下降33米，温度就升高一摄氏度（应该指出，地球表面的热量主要是靠太阳送来的热）。就是说，地下的大量热量，正闲得发闷，**焦急**地盼望着人类及早利用它，让它也沾到一分为人类服务的光荣。

怎样才能达到这个目的呢？很明显，要靠现代数学、化学、物理学、天文学、地质学以及其他科学技术部门的共同努力。而在这一系列的努力中，一个重要而首先要解决的问题，就是要了解清楚地球内部物质的结构和它们存在的状况。

地球内部那么深，那样热，我们既然钻不进去，摸不着，看不见，也听不到，怎么能了解它呢？办法是有的。我们除了通过地球物理、地球化学等对地球的内部结构进行直接探索研究以外，还可以通过各种间接的办法来对它进行研究。比如，我们可以发射火箭到其他天体去发生**爆炸**，通过远距离自动控制仪器的记录，可以得到有关那个天体内部结构的资料。有了这些资料，我们就可以进一步用比较研究的方法，了解地球内部的结构，从而为我们利用地球内部储存的大量热量提供可能。

在这些工作获得成就的同时，现时仍然作为一个谜的有关地球起源的问题，也会逐渐得到解决。到现在为止，地球究竟是怎样来的，人们做了各种不同的猜测，各人有各人的说法，各人有各人的理由。在这许多的看法和说法中，主要的有下述两种：一种说，地球是从太阳分裂出来的，原先它是一团**灼热**的熔体，后来经过长期的冷缩，固结成了现今具有坚硬外壳的地球。直到现在，它里边还保存着原有的大量热量。这种热量也还在继续不断地慢慢变冷。另一种说法，地球是由小粒的灰

尘逐渐聚合固结起来形成的。他们说，地球本身的热量，是由于组成地球的物质中有一部分放射性物质，它们不断分裂而放出大量热量的结果。随着这种放射性物质不断地分裂，地球的温度，在现时可能渐渐增高，但到那些放射性物质消耗到一定程度的时候，就会逐渐变冷下去的。

少年朋友们，从这里看来，到底谁长谁短，就得等你们将来成长为科学家的时候，再提出比我们这一代科学家更**高明**的意见。

我相信，等到你们成长为出色的科学家，和跟着你们学习的下一代和更下一代的年轻科学家们来到世界的时候，人们一定会掌握更丰富、更**确切**的资料，也更广泛、更深入地了解了地球本身和我们太阳系的过去和现在的状况。这样，你们就有可能对地球起源的问题，做出比较可靠的结论。

也可以相信，再经过多少年，人类必定会胜利地实现到星际去旅行的理想。那时候，一定会在其他天体上面发现许多新的生命和更多可以为我们利用的新的物质，人类活动的领域将空前地扩大，接触的新鲜事物也**无穷无尽**地多。这一切，都必定使人类的生活更加美好，使人类的聪明才智比现在不知要高多少倍，人类的寿命也会大大地延长，大家都能活到一百几十岁到两百岁或者更高的年龄。到那个时候，今天那些能够活到七八十岁的老人，在这些真正高龄的老爷爷眼里，他们也就像你们的教师在今天的老人面前一样要变成青年人了。

少年朋友们，你们想想，这么大的变化，多有意思啊！

我们不能光是伸长脖子，窥测自然界奇妙的变化，我们还要努力学习，掌握那些变化的规律，推动科学更快地前进，来创造幸福无穷的新世界。

从地球看宇宙

我们了解我们所生活的地球吗？对于宇宙，我们又知道多少呢？从地球看宇宙，会有什么样的发现呢？

在宇宙空间中，分散着**形形色色**的天体和物质，都在运动，都在变化。就某种特定的形态而言，有的正在生长，有的达到了成熟的阶段，有的已经**消逝**。我们今天看到的宇宙，是其中每一团、每一点物质，在有关它们各自历史发展过程中的一个剖面的总和。这个总和，不仅具有空间的意义，而且具有时间的意义。其之所以具有时间意义，是因为分布在宇宙空间的天体和物质，距我们有的比较近，有的很远很远，尽管光的速度很快，可是这些光传递到地球需要长短不等的时间。因此，我们同一时间，通过它们各自发出的辐射所获得的印象，是前前后后相差很远很远的时间的印象总合起来的一幅图像，在这个相差很远很远的时间中，不但恒星、星系等等的形象有所变化，它们彼此的相对位置，在几万年，甚至几十万年中，

也大不相同。可以断定，今天我们所见到的天空的面貌，不是天空今天真正的面貌，有的已成过去，有些新生的东西，还要等待很久很久以后，才能在地球上看见。

天文工作者用来**衡量**宇宙空间距离的单位之一是光年。光的速度每秒 2.997925×105 公里（约 30 万公里），一年的时间内光的行程叫作一光年，即 9.46×1012 公里（近 10 亿公里）。近代的天文工作者们，用来观察宇宙的工具，是各种类型的望远镜，其中有大型反射镜，还有各种特制的光谱分析仪，可以用来**测量**发光天体的温度、组成物质和运动等。最近 20 年来，射电望远镜发展很快，对这种工具的设计和使用，已经成了一项专业，叫作射电天文。射电“望远镜”实际上并不是什么望远镜，而是装上了特殊形式

天线的无线电波接收器。第二次世界大战的后期，已经有人利用雷达装置侦察来袭的飞机和导弹，现在的射电望远镜，就是在雷达接收装置的基础上发展起来的。射电望远镜能探测的电磁波范围和光学望远镜不同，所以它不能代替光学望远镜所能做的工作。

天文工作者们使用这些工具探索宇宙物质的形态和运动已经多年了，他们逐步**摸索**出来一些观测和研究方法，获得了一些比较可靠的成果。

最近，宇宙飞行技术的发展，对天体，特别是对我们太阳系成员的研究（包括行星、卫星和彗星），提供了新的**途径**，发挥了其他方法所不能起的作用。对于恒星的观测，也起了某种作用，因为在地球大气之外，能接收和分析那些被地球大气滤掉而不能到达地面的 χ 射线，γ 射线、远紫外辐射等。

地球年龄“官司”

对于地球的年龄，不同时期科学家有不同的论断与争论，并且从未停止过。地球的年龄到底有多大？世界真的是上帝造出来的吗？

地球的年龄，并不是一个**新颖**的问题。在那上古的时代早已有人提及了。例如加尔底亚人（Chaldeans）的天文学家，不知用了什么方法，算出世界的年龄为21.5万岁。波斯的琐罗亚斯德（Zoroaster）一派的学者说世界的存在，只限于1.2万年。中国俗传世界有12万年的寿命。这些数目当然没有什么意义。古代的学者因为不明自然的历史，都陷于一个极大的误解，那就是他们把人类的历史、生物的历史、地球的历史，乃至宇宙的历史，当作一件事看待。意谓人类未出现以前，就无所谓宇宙，无所谓世界。

中古以后，学术渐渐萌芽，**荒诞**无稽的传说，渐渐失去信用。然而公元1650年时，竟有一位有名的英国主教乌舍

（Bishop Ussher），曾大书特书，说世界是公元前4004年造的！这并不足为奇，恐怕在科学昌明的今日，世界上还有许多人相信上帝只费了6天的工夫，就造出我们的世界来了。

从18世纪中叶到19世纪初期，地质学、生物学与其他自然科学同一步调，向前猛进。德国出了维尔纳（Werner），英国出了赫顿（Hutton），法国出了布丰（Buffon）、拉马克（Lamarck）以及其他著名的学者。他们关于自然的历史，虽**各怀己见**，争论激烈，然而在学术上都有**永垂不朽**的贡献。之后英国的生物学家达尔文（Charles Darwin）、华莱士（Alfred Russel Wallace）、赫胥黎（Huxley）诸氏，再将生物进化的学说公之于世。于是一般的思想家才相信人类未出现以前，已经有了世界。那无人的世界，又可据生物递变的情形，分为若干时代，每一时代大都有陆沉海涸的遗痕，然则地球历史之长，可想而知。至此，地球年龄的问题，始得以正式成立。

就理论上说，地球的年龄，应该是地质学家劈头的一个大问题，然而事实不然，赫顿以后，地质学家的活动，大半都限于局部的研究。他们对于每一层岩石，每一块化石的考察，不厌其详；而对过去年代的计算，都淡焉漠焉视之，似乎那种讨论，非分内之事。实则地质家并非抛弃了那个问题，只因材料尚未充足，不愿多说闲话。待到开尔文（Lord Kelvin）关于地球的年龄发表意见的时候，地质学家方面始终有一部分人觉得克氏所定的年龄过短，他的立论，也未免过于专断。这位物理学家不只不顾地质学上的事实，反而**嘲笑**他们。克氏说：“地质学家看太阳如同蔷薇看养花的老头儿似的。蔷薇说道，养我们

的那一位老头儿必定是很老的一位先生，因为在我们蔷薇的记忆之中，他总是那样子。”

物理学家即是这样挑战，自然弄得地质学家到**忍无可忍**的地步，于是地质学家方面，就有人起来同他们讲道理。

所以地球年龄的问题，现在成了天文、物理、地质三家公共的问题。

纯粹根据天文的学说求地球的年龄

对于地球的年龄，科学家们从天文学方面进行了大胆的假设与推断；对于同一个问题，不断地有新的根据、新的推断成立。科学家通过地球旋转的变化证实了什么？

1749年，邓索恩（Dunthorne）依据比较古今日蚀时期的结果，倡言现今地球的旋转，较古代为慢。其后百余年，亚当斯（Adams）对于这件事又详加考究，并算出每100年地球的旋转迟22秒，但亚氏曾**申明**他所用的计算的根据，不是十分可靠。康德在他的“宇宙哲学论”中曾说到潮汐的摩擦力能使地球永远减其旋转的速率，一直到汤姆孙（J.J.Thomson）的时代，他又把这个问题提起来了。汤氏用种种方法证明地球的内部比钢还要硬。他又从热学上着想，假定地球原来是一团热汁，自从冷却结壳以后，它的形状未曾变更。如若我们承认这个假定，那由地球现在的形状，不难推测当初**凝结**之时它能保持平衡的旋转速率。至若地球的扁度，可用种种方法测出。旋

转速率减少之率，也可根据历史资料或用旁的方法求出。假若减少之率通古今不变，那么，从它初结壳到今天的年龄，不难求出。据汤氏这样计算的结果，他说地球的年龄顶多不过10亿年。但是他又说如若比1亿年还多，地球在赤道的凸度比现在的凸度应该还要大，而两极应较现在的两极还要平。汤氏这一回计算中所用的假定可算不少。头一件，他说地球的中央比钢还硬些。我们从天体力学上着想，倒是与他的意见大致相同；但从地震学方面得来的消息，不能与此一致。况且地球自结壳以后，其形状有无变更，其旋转究竟是怎样的变更，我们无法确定。汤氏所用的假定，既然有可疑的地方，那么他所得的结果，当然是可疑的。

乔治·达尔文（Geo.Darwin）从地月系的运转与潮汐的关系上，**演绎**出一种极有趣的学说，大致如下所述：地球受了潮汐的影响，渐渐减少旋转能，是我们都知道的。按力学的原则，这个地月系全体的旋转能应该不变，今地球的旋转能既减少，所以月球在它的轨道上旋转能应该增大，那就是由月球到地球的距离非增加不可。这样看来，愈到古代，月球离地球愈近。推其极端，应有一个时候，月球与地球几乎相接，那时的地球或者是一团黏性的液质，全体受**潮汐**的影响当然更大。据达氏的意见，地球原来是液质，当然受太阳的影响而生潮汐。有一时这团液质自己摆动的时期，恰与日潮的时期相同，于是因同摆的现象，摆幅大为增加，一部分的液质就凸出了很远，导致**脱离**原来的那一团液质，成了它的卫星，这就是月球。当月球初脱离地球的时候，这个地月系的运转比现在快多了，那时1月与1日相等，而1日不过约与现在的3小时相当。从地月分离以来，每月每日的时间都渐渐变长了。

近来辰柏林（T.C.Chamberlin）等，考究因潮汐的摩擦使地球旋转的问题，颇为精密。他们曾证明大约每50万年1天延长1分。这个数目与达氏所算出来的数目相差太远了。达氏主张的潮汐与地月运转学说，虽不完全，他所标出来的地球各期的年龄，虽不可靠，然而以他那样的**处心积虑**，用他那样数学的聪明才力，发挥成文，真是**堂堂皇皇**，在科学上永久有他的价值存在。

根据天文学上的理论及地质学上的事实求地球的年龄

地球是如何自转的？春分和秋分是怎么回事？地球轨道的扁度对地球上气候有着怎样的联系？

在**讨论**这个方法以前，我们应知道几个天文学上的名词。

地球顺着一定的方向，从西到东，每日自转一次，它这样旋转所依的轴，名曰地轴。地轴的两端，名曰南北极。今设想一平面，与地轴成直角，又经过地球的中心，这个平面与地面交切成圆形，名曰赤道；与“天球”交切所成的圆，名曰天球赤道。天球赤道与地球赤道既同在这一个平面上，所以那个平面统名曰赤道平面。地球一年绕日一周，它的**轨道**略成椭圆形。太阳在这椭圆的长轴上，但不在它的中央。长轴被太阳分为长短不等的两段，长段与地球的轨道的交点名曰远日点，短段与地球轨道的交点名曰近日点。太阳每年穿过赤道平面两次。由赤道平面以北到赤道平面以南，它非经过赤道平面不可，那个时候，名曰秋分。由赤道平面以南到赤道平面以北，又非经过赤道平面不可，那个时候，名曰春分。当春分的时候，由地球中心经过太阳的中心画一直线向空中延长，与天球相交的一点，名曰白羊宫（Aries）的起点。昔日这一点在白羊宫星宿里，现在在双鱼宫（Pisces）**星宿**里，所以每年春分、秋分时，地球在它轨道上的位置稍稍不同。逐年白羊宫的起点的迁移，名曰春秋的推移（Precession of equinoxes）。在公元前134年，喜帕恰斯（Hipparchus）已经发现这个事实。牛顿证明春秋之所以**推移**，是地球绕着斜轴旋转的结果，我们也可说是日月及行星推移的结果。春分、秋分既然渐渐推移，地轴当然是随之迁向，所以北极星的职守，不是万世一系的。现在充当这个北极星的是小熊星（Ursae Minoris），它并不在地轴的延长线上。

拉普拉斯（Laplace）曾确定一件事实，那就是地球受其他行星的**牵扰**，其轨道的扁度按期略有增减，有时较扁，有时与圆形相去不远。但是据开普勒（Kepler）的定律，行星的周期，与它们轨道的长轴相关密切，二者之中，如有一项变更，其余一项，不能不变。又据拉格朗日（Lagrange）的学说，行星的牵扰，决不能永久使地球轨道的长轴变更，所以地球的轨道，即令变更，其变更之量必小，而其每年运行所需的时间，概而言之，可谓不变。

阿德马尔（Adhemar）首创地球轨道的扁度变更与地上气候有关之说。勒威耶（Leverrier）又表示如何用数学的方法，可求出过去或将来数百万年内，任何时候地球轨道的扁率。其后克洛尔（James Croll）发挥这个学说甚详，并用勒氏所立的公

式，算出过去300万年内地球轨道的扁度最大及最小的时期。

一直到现在，我们说的都是天上的话，这些话在地上果然**应验**了吗？地球的过去时代果然有冰期循环叠见吗？如若地质时代果然有若干个冰期，那么，我们也可用这种天文学上的理论来定地球各冰期到现今的年代，这件事我们不能不问地质学家。

天文学家这番话，好像是应验了。地质学家曾在世界上各处发现昔日冰川移动的遗痕。遗痕最著的就是冰川之旁，冰川之底，冰川之前，往往有乱石泥土，或成长堤形，或散漫而无定形。石块之中，往往有极大极重的，来自数千百里之遥，寻常河流的力量，决不能运送那样大的石块到那样远的地方。而且由冰川**运送**的石块，常有一面极平滑，而其余各面，则棱角峭砺，平滑的一面，又常有摩擦的痕迹。冰川经过的地方，若犹未十分受侵蚀剥削，另有一种风景。比方较高的山岭，每分两部，上部嵯峨，而下部则极圆滑。谷每成U字形。间或有丘墟罗列，多带圆长的形状。而露岩石的地方，又往往有摩擦的痕迹。诸如此类的现象，不一而足，这是专门地质学家的事，我们现在不用管它。

在最近的地质时代，那就是第四纪的初期，也可说是初有人类不久的时候，地球上的气候很冷。冰川冰海，到处流溢。当最冷的时候，北欧全体，都在一片“琉璃”之下，浩荡数千万里，南到阿尔卑斯、高加索一带，中连中亚诸山脉，都是**积雪皑皑**，气象凛冽。而在北美方面，亦有浩大的冰川流徙：一支由拉布拉多（Labrador）沿大西洋岸南进；一支由基瓦丁

（Keewatin）地方，向哈得孙（Hudson）湾流注；一支由科迪勒拉山系（Cordilleras）沿太平洋岸进行。同时南半球也是一个**冰雪漫天**的世界，至今南澳、新西兰、安第斯（Andes）山脉以及智利等地，都有遗迹。甚至热带地方，如非洲中部有名的高峰乞力马扎罗（Kilimanjaro）的雪线，在第四纪的初期，也是要比现在低 1500 多米。

由第四期再往古代找去，很久都没有发现冰川的遗痕。一直到古生代的后期，那就是石炭纪的中叶（Permo-carboniferous），在澳大利亚、印度、非洲、南美都有冰川**存在**的痕迹。再往前找，又有许多很长的地质时代，未曾留下冰川的遗迹。到了肇生纪的初期，在中国长江中部、挪威、加拿大、澳大利亚等地，又有冰川现象发生。再往前找，地层上所载的地球的历史，到处都是极其模糊，我们再没有得到确实的冰川存在的遗迹。

地质事实说地球年龄

从地质方面来推测地球的年龄，虽然有德氏的较为精密和有趣的方法来测算，但是面对浩大的人力消耗却并不适用。而面对天文学家不同的推断方法，我们更为信任哪种呢？

地质家求最近冰期距现今的年限，共有几种方法。这几种方法之中，似乎以德吉尔（De Geer）所用的最为精密而且最有趣味。在第四期的初期，挪威与瑞典全土，连波罗的海一带，都是埋在冰里，前已说过。后来北半球的气候渐渐**温和**，那个大冰块的南头，逐年往北方退缩。当其退缩的时候，每年都留下了纪念品，所谓**纪念品**，就是粗细相间的停积物。

当春夏的时候，冰头渐渐融解。其中所含的泥土沙砾，随着冰释而成的水向海里流去。粗的质料，比如沙砾，一到海边就要沉下。而较细的质料，悬在水中较久，春夏流水搅动的时候，至少有一部分极细的泥土不能沉淀。到秋冬的时候，冰头冻了，水流止了，自然没有泥土、沙砾流到海里来。于是乎水中所含的极细的泥土，也可渐渐沉下，造成一层极纯净的泥，覆于春夏时所停积的沙砾之上。到明年交春，冰又渐渐融解，海边停积的情形又如去年。所以每一年停积一层较粗的东西和一层较细的东西。**年复一年**，冰头渐往北方退缩，这样粗细相间的停积物，也随着冰头，渐向北方退缩，层上一层，好像屋上的瓦似的。

德氏用了许多苦工，从瑞典南部的斯坎尼亚（Scania）海岸数起，数了 3.5 万层泥，属于冰期的末造。由冰期以后，一直到今日，约计有 7000 层的停积。然则由冰头退抵斯坎尼亚到今天，一共经过了 1.2 万年。斯坎尼亚以南的**停积**，为波罗的海所掩盖，德氏的方法，不能适用。再向南到德国的边界，这个方法也未曾试过。冰头往北方退缩的迟速，前后仿佛不是一致，愈到北方，有退缩愈急的情形。比如在瑞典首都斯德哥尔摩（Stockholm），退缩的速度，比在斯坎尼亚已经快了 5 倍。按这样推想，冰头在斯坎尼亚以南的时候，比在斯坎尼亚应还要慢些，所以要退出与在斯坎尼亚相等的距离，**恐怕**差不多要 2500 年。那有名的地质学家索拉斯（Sollas），以这种议论为根据，暂定由最后的冰势最盛时代，到它退到瑞典南岸所费的年限为 5000 年，然则由最后冰期中，冰势的全盛时代到现在，至少在 1.5 万年以上，实数大约在 1.7 万年。在澳大利亚南部，地质学家用别种方法，求出当地自从最后冰期到现在所经历的年数，也是 1.5 万 ~ 2.0 万年。两处的年数，无论是否偶然相合，总可算得一致。那么，我们应该承认这个数目有点儿价值。

现在我们看天文学家的数目与地质学家的数相差何如，至

少要差6万年。我们知道德氏的方法，是脚踏实地的，他所得的数目，是比较可靠的。然则克氏的数目，我们也不能忽视。况且按天文学的理论，地球不能南北两半球同时发生冰川现象，而在过去时代，我们所知道的三个冰期，都不限于南北一个半球。更进一层说，假若克氏的理论是对的，那么，地球在过去时代，不知已经过几十百回的冰期，何以地质学家在地球上各处找了数十百年，只发现三回冰期。如若说是冰期的遗迹没有保存，或者我们没有发现，这两句话未免太不顾地质学上的事实，也未免近于遁词。

原来地上的气候，与天文、地理、气象三项中的许多的现象，有密切的关系。这三项现象，寻常互相**调剂**，所以地上气候温和。若是三项合起步调，向一方面走，那就能使极端热或极端冷的气候发生。比方，现在的西北欧，若没有湾流的调剂，虽不成冰期，恐怕与冰期的情形也要差不多了。总而言之，克氏一流天文学家所创的学说，如若不大加变更，大加修正，恐怕纯是纸上空谈，全以他们的理论为根据去定地球的年龄，正是所谓缘木求鱼的一段故事。

天文方面，既不得要领，我们现在就要问地质学家，看他们有什么**妥当**的方法。

据地球的热历史求它的年龄

我们都知道是那太阳，从古至今，用它的热来接济我们。那么太阳的热量是如何产生的？地球内部的温度有着怎样的变化规律？

地球上何以这样地暖？我们都知道是那太阳，从古至今，用它的热来接济我们。然则太阳里这样仿佛千古不变的热力是如何来的呢？这个问题，已经费了许多哲学家和物理学家的思索。他们的思想，从历史上看来，自然是极有趣味，可惜我们没有工夫详细地**追究**，现在只好说一个大概。

德国有名的哲学家莱布尼兹（Leibnitz）同康德（Kant），都认为太阳为一团大火，它所发散的热，都是因燃烧而生的。自燃烧现象经化学家切实解释以后，这种说法，当然不能成立。之后迈尔（Mayer）观察摩擦可以生热，所以他想太阳的热，也许是许多陨星常常向太阳里**坠落**的结果。但是据天文学家观察，太阳的周围，并非常常有星体坠落，假若往太阳里坠

落的星体很多，太阳的质量必要渐渐增加，这都是与事实相反的。

亥姆霍茨（Helmholtz）以为太阳的热是由它自己收缩发展出来的。太阳每年发散的热量，可由太阳的射热恒数（solar constant of radiation）求出。亥氏假定太阳当初是一团星云，渐渐收缩，到了今天，成一个球形，其中的**质量**极匀。他并算出太阳的直径每缩短 1‰所生的热量，可与它每年所失的热量的 2 万倍相当。亥氏据此算出太阳的年龄，大约在 2000 万年以下。如若地球是由太阳里分出来的，当然地球的年龄，比 2000 万年还少。开尔文（Kelvin）对于这个问题的意见，也与亥氏相似，不过他信太阳的**密度**愈至内部愈大。

据物理学家近来的研究，所有发射原质当发射之际，必发生热。又据分析日光的结果，我们早知道日中含有氦（He）质，所以我们敢断言太阳中必有发射原质。因此，有许多人疑发射作用为太阳发热的主因。据最近试验的结果，1000 万克（gramme）的铀（U）质在“发射平衡”之下，每 1 小时能生 77 卡（calerie）的热，而同量的钍（Th）所发的热量不过 26 卡。太阳每 1 小时每 1 立方米所发散的热，平均约 300 卡，这些热量，假若都是由太阳内的**发射**原质（如铀、钍等）里发出来的，那是每 1 立方米的太阳质中，应有 400 万克的铀。但是太阳平均每 1 立方米的质量只有 1.44×106 克，即令太阳的全体都是铀做成的，由这种物质所生的热仅能抵挡它所消费的热量的 1/3。所以以发射物质发生的热为太阳现在唯一的热源，所差未免太多。

据阿伦尼乌斯（Arrhenius）的意见，太阳外面的色圈（chrom-osphere），大概都是单一的物质**集合**而成的。它的温度，约在6000℃～7000℃。其下的映像圈（Photosphere）里的温度，或者高至9000℃。愈近太阳的中心，温度和压力愈高、愈大。太阳平均的温度据阿氏的学说计算，比它外面色圈的温度应高1000倍。在这种情形之下，按勒·查特里埃（Le Chatetier）的原则**推测**，太阳中部，应有特别的化合物，时时冲到外部，到温度较低的地方爆裂，因之生热。我们用望远镜往往看见太阳的表面有凸起的地方，或者就是这种冲出的气疣。这种情形，如果属实，那我们现在从热的方面，无法算出太阳自有生以来所经历的年代。

关于这个问题，近年法国物理家佩林（Perrin）利用原子论和相对论做了一番有趣的计算。佩氏因为天文学家断定许多星云都是由氢气组成的，所以假定化学家所谓的种种元素都是由氢气凝结而成的。氢的原子量是1.008，而氦的原子量是4.00，那是由氢而变为氦，失掉若干质量，质量就是能量，这些能量当然都变成热。照这样计算，佩氏算出太阳的寿命为10万兆年，地球年龄的最大限度，应为这个数目的若干分之一。但是我们若要从热的方面求地球自身的年龄，还不能不从地球自身的热量着想。

我们都知道到地下愈深的地方温度愈高。地温增加的率在不同地点多少有点儿不同，浅处的增加率与深处的增加率当然也不等。据各地方**调查**的结果，距地面不远的地方，平均每深35米温度增加1℃。

从这种事实，又从热能量衰退（degradation of energy）的原则着想，开尔文根据泊松（Poisson）的假说，**追溯**地球从前必有一个时期，热度极高，而且全体的热度均一，后来它的热能力渐渐发散，所以表面结壳，失热愈多，结壳愈厚。

地球之形状

对于地球的形状，在今天看来这样简单的问题却通过了漫长的科学研究才最终确定。那么地球的形状是什么样的呢？古时人是如何来判定地球形状的？

昔日人类智识幼稚之时，咸以为地为平面，天覆其上，四海环其周，天圆地方之说，大约由是而起。巴比伦及希伯来之谈天者，皆主张与此类似之说。诗人荷马（Homer）亦道及“瀛寰”，其信地为平面，大海环之，似无可疑。及人类智识渐渐进步，观察渐渐**锐敏**，乃逐渐识破地平之说与日常经验大相凿枘。如人由南往北，或由北往南，见北极星宿迁移高度；又如船舶之向大洋中进行者，于“**海天相接**”之处，逐渐落于水平线下，终至不可睹。其他尚有种种现象，皆足与人以地球之概念。

首倡地形如球之说者，似为毕达哥拉斯（Pythagoras）。其后经亚里士多德（Aristotle）多方论证，地球之说，始能成立。

亚氏复引数学家计算之结果，谓地球之周，约长40万司塔底亚（即7万4千公里），然当时信之者固寥寥也。

公元前250年时，埃及学者埃拉托色尼（Eratosthenes）始计划一种方法，以实测地球之**形状**，其结果虽不精确，而其方法则传至今日，测地家咸袭用之。

依重力之法则及远心力之关系，牛顿断定地球应成扁球之状，扁球之短轴即旋转轴，赤道一带稍微隆起，其长轴与短轴之比应为229：230。惠更斯（Huygens）亦依重力之关系，推测赤道之径稍大，两极之径稍小，其比应为578：579。1735年，法国科学院之科学专家为考察地球究竟是否成一扁球起见，特别组织两支考察队，一赴秘鲁，测量赤道**附近**每一度所夹之弧长；一赴波罗的海北部之波的尼亚（Bothnia）湾，测量近于北极方面每一度所夹之弧长。以两方所得之结果相比较，乃得证实地球之形确属一种扁球，或与扁球类似之形状，赤道一带隆起之度较大。

自此以后，地球为一种扁形球体之说，学者虽认为已经证实，然究竟成何种扁形，则仍属疑问。雅可比（K.G.Jacobi）从动力学方面证明匀质流体旋转之时，其平衡之形状，不限于扁球。椭球之三轴成某一定之比，并在某一定旋转之时间者，若依其最短之轴旋转，亦可处于平衡之状态。地球为三轴椭球之说，由是而得力学上的根据。唯地球既非匀质之流体，则雅氏之假定，似乎根本不能成立。况就现今大陆与海洋**分配**之情形而论，不只是三轴椭球不能与地球之表面符合，任何数理上之形状，恐亦未能与地表实际之形状一致。

无已，吾人只可求一较为近似且较为简单之数理上的形式以为代表，是则舍扁球而外无他也。若由法、英、俄、印度、南非、秘鲁各处所测之子午弧线**推算**（照前法），则地球之短半径，亦即南北极方向之半径应为6359.752公里；地球之长半径，亦即赤道之半径应为：6378.137公里；长短半径之比，亦即扁度应为：294.98∶293.98。

关于地球之形状，据吾人所知，盖有如此。乃近日报传有某某三君，经数年研究之结果，否认地为圆形，并否认自转、公转等事实，得某某商会之助，制成新式时辰表一架以定时刻，一若为世界上一大发明者。三君能将其**破天荒**之学说及其制造一公诸世乎？

地壳的概念

地壳是地球的表面吗？你听说过气壳吗？对于地壳，你又知道些什么呢？

人们都以为我们住在地壳的表面，实际上我们并非住在地面，却住在地中。我们的头上还有一层空气压着我们，包着我们。这层气壳的厚度，大致在三四百公里以上，不过愈向上走，气壳的**密度**愈小，压力也愈小，高到四五十公里的地方，气压已经比一厘米水银柱的压力还小。我们住在气壳底下，正和许多海洋生物住在海底，抑或蚯蚓之类住在土中相类。气壳的组成，并非上下一致的。下部氧气较多，所以生物得以生活。愈往上走，氮气愈多，到 100 公里以上，几乎完全是氮气。再上氦气（He），更上氢气（H）成了主要的成分，严格地讲起来，这一圈大气，要算是地球的**皮表**，要算是地壳，但是因为是流质的关系，普通不认它是地壳。我们不独不认大气层为地壳，连那海洋也不认为是地壳的一部分。

实际上所谓地壳者，虽无严密的定义，然大致可说是指地球上部由普通岩石组成者而言。普通人所见者，只是岩石层的表面。地质家所见者，也不过从最新的地层到最老的地层以及各种所谓火成岩，一名凝结岩。那些极新的地层到极老的地层在一个地域总共的厚度，至多也不过20余公里。然则我们怎样知道地下还有类似地表的岩石？又怎样知道这些岩石往下伸展到一定的厚度？更怎样知道地下是固质或流质抑或气质造成的？这些问题如果都是悬案，我们有何理由说出“地壳”这个名词？

然而“地壳”这个名词，久已被人用了。地壳上的人们，不见得对于地壳有极明显的了解，只是揣想着地下的材料肯定和在地表露出的材料不同。这种观念的产生，大约一面受了星云学说的影响，一面又因为火成岩和地温的分配，似乎地下愈到深处，温度愈高，若温度超过一定的限度，一切的固质，不免变为流质，火山爆裂，岩流迸出，骤然一看，似乎都可以做流质地球的证据。而所谓地壳者，正如地壳包着卵白卵黄。可是天体力学者告诉我们，这样鸡蛋式的地球，是不能成立的。如果地球简直像鸡蛋式的构造，它早已受不起旋转和日月吸引的力量，它绝不能成现在这样的形状。

传统思想，如此地混沌。因之，对于“地壳”这个名词，我们不敢任意接受。我们如若还想利用这个名词，不能不做进一步的追求。且看我们能否替它找出相当的意义，地壳的命运，就决在这些。我们没有方法去打极深的地洞，看里面的情形。现在世界上用人工凿出最深的地洞，也不过2000多米。地球如此之大，就是再凿穿2000米，也算不了一回事，况且愈到深处，工作的困难，增加愈多。我们还要知世界上有许多的事物，我们尽管能看见，能直接地感触，我们不见得就能认识，就能了解。观察是一回事，了解又是一回事。所以要看地球内部的情形，不能用肉眼，只能用智眼，不能直接地检查，只好用间接的方法**探视**。间接的方法，可分为下列几项，当然，仅就重要者而言：（一）地温；（二）岩石的分配；（三）地震；（四）均衡现象。

依前述种种观测判断，地球的表面，除了大气层和海洋之外，确有较轻的岩石，造成地壳的大陆部分。地壳可分为两层，其间界限，不甚清楚，一名里壳一名表壳，表壳由酸性岩石，如花岗岩之类造成。里壳由基性岩石如玄武岩、玻璃之类造成。在海洋方面，尤其是太平洋方面，似无表壳，只有里壳。大西洋为一个比较新形成的海洋，所以情形稍有不同。

表壳的厚度，至少有15公里，也许到20公里以上。里壳的厚度，大致与表壳相等。两壳总共的厚度至少有30公里，也许厚到45公里。这是就普通的厚度而言。在特别的地方，它的厚薄，也许不是完全一致，不过不能超过此限太远。地壳以下，便是极基性而且甚重的岩石，与造成地壳的材料，性质颇有**差异**，现在我们所知道的情形，如是而已。

地　壳

对于地壳，人们并没有给出确定的界线，因为对于陆地与海洋会有不同的说法。那么原始地球是什么状态的？地壳在地球的成长中是如何运动变化的呢？

原始地球，有些人认为表面有全球性的海洋覆盖，后来才划分海陆；也有些人认为，所谓全球性海洋，纯属**无稽之谈**，自从地球形成以来，有了水就有了海陆的划分，海与陆，是原始地球固有的表面形态。这两种**设想**，都是空想，都无可靠的根据，也不值得议论。我们现在谈地壳的问题，只好从实际出发，从地球表面现实的状态出发，这个现实的状态，至少在二十几亿年以前，已经基本上形成了。自此以后的地球，只是在有了岩石壳、陆地、海洋、大气的基础上向前发展的。

地质工作者所能直接观测的范围，到现在为止，只限于地球的表层。这个表层，只占地球表面极薄的一层。但是，构成这一薄层的物质和它结构的形式，却反映了地球在它长期发展的过程中，内部和外部各种变化正负两方面的总和。

内部变化，主要是建造性的，但有时既有建造作用，又有破坏作用，例如岩浆（即炽热的熔岩）上升，或并吞和熔化上层某些部分，继而又**凝固**；或侵入上层，破坏了它的完整性，同时又把它填充、胶结起来，而成为一个新的、更复杂的整体。外部变化，在大陆上，主要是破坏性的，而在海洋中，主要是建造性的。但有时与此相反，在大陆上的某些地区，特别是在干旱和低洼地区，被破坏了的物质，积累起来而成为建造；在海洋中，由于海底潮流的作用，把已经形成的建造，部分地或全部**冲毁**，被潮流带到其他海域，再沉积下来。

所谓地球的表层，并没有明确的界线。概略地讲，就地质工作者直接观察的范围来说，在某些褶皱强烈的山岳地带，能观测的厚度不超过十几公里，而在另外一些地层平缓的平原地区，能直接看到的地层厚度那就很有限了。这样的厚度，比起地球的半径来说，那是微不足道的。还必须指出，人们能直接

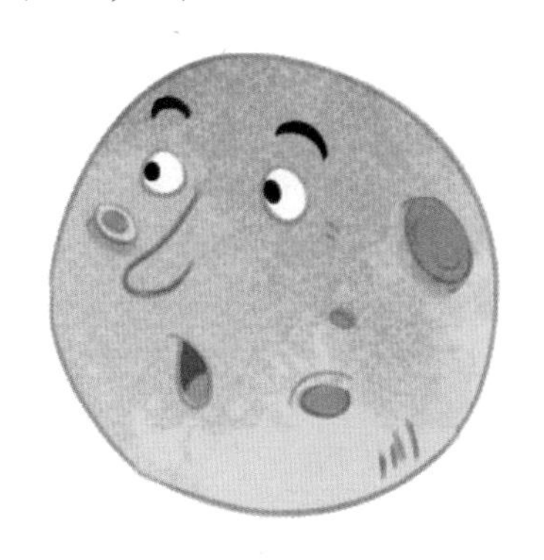

观测的厚度，仅仅是地球表层的上部。究竟表层有多厚？也没有明确的界线，更谈不上达到地壳的厚度。但是，我们可以从这个能见到的表层中，找出与地球漫长的历史发展过程有关的资料。

很早以来，人们从地球的表层所得到的印象，逐渐形成了地壳的概念。随着地质科学的发展，地壳的概念逐渐变得比较明确了。但至今还很难指出全球地壳的厚度究竟有多大，控制地壳形态的主要因素又是什么？现在，综合各方面的**探索**结果，来看我们今天对地壳的认识达到了什么程度。

地 热

你知道地热是什么吗？地球对于我们来说就是一个巨大的热库，如果我们能将这些热能合理地加以利用，对于人类的发展将是一个巨大的贡献。

有一种地球起源的概念，到现在还占着相当重要的统治地位。就是说地球原来是一团高温度的物质，逐渐**冷却**，在地球表面上结成壳子，这就叫作地壳。这样形成的地壳，从表面到地球的深部，温度就必然越来越高。从钻探和开矿的经验看来，越到地下的深处，温度越来越高。但地温增加的情形各地不同，同在一地又随深浅而有不同。地温每增加一度，往下进入的深度名叫地温增加率，在亚洲大致 40 米上下增加 1℃（我国大庆 20 米、房山 50 米），在欧洲绝大多数地区是 28–36 米增加 1℃，在北美绝大多数地区为 40–50 米左右增加 1℃。这个地温增加率，并不是往下一直不变的。我们**假定**每深 100 米地温增加 3℃，那么只要往下走 40 公里，地下温度就可到 1200℃。

现今，世界上各处火山喷出的**岩流**，即使岩流的熔点因压力的增加而有所变化，温度大都在1000℃以上，1200℃以下。据实验结果，玄武岩流在40公里的深度下，它的熔点不过增加60℃。这个数字，看来对**熔岩**影响甚小，对上述的1000℃以上，1200℃以下的估计没有什么影响。根据地热的情况，地壳的厚度大约在35公里。

以上是从玄武岩的特点来推测地壳的厚度。现在从地球表面的热流和构成地壳各层岩石中所含放射性元素蜕变的发热量来探测一下地壳的厚度。地壳的上层，主要是由花岗岩类酸性岩石组成的，地壳的下层，主要是由玄武岩之类的基性岩石及超基性岩石组成的。

花岗岩之类酸性岩石，平均每100万克每年由铀发出的热量为2.3卡，由钍发出的热量为2.1卡，由钾发出的热量为0.5卡，即平均每100万立方厘米的花岗岩类岩石每年发出13.7卡的热量；玄武岩之类基性岩石以及其下的超基性岩石，平均每100万立方厘米每年发出3.8卡的热量，其中超基性岩所发出的热量，占极小的比重。

地球表面的热流平均值每秒每1平方厘米为1.25×10^{-6}卡（即每年每1平方厘米40卡），除了特殊的地热**异常**地区或地带以外，这个数值，最小的不小于0.8×10^{-6}，最大的不大于2.24×10^{-6}卡。用平均热流的数值乘地球全部面积，即得每秒热流总量为$1.25\times510\times10^{10}\approx64\times10^{12}$卡（＝每年$20\times10^{19}$卡），其中大陆方面占每秒$22\times10^{12}$卡，即每年$7\times10^{19}$卡。假定大陆壳上层的厚度为18公里，地壳下层厚度也是18公里，按上述地壳上下两层发生的热量计算，大陆壳发生的热量为每年5.4×10^{19}卡，差不多可以**抵消**它失去的热量的80%；可是大洋方面的情况就大不相同，如果假定大洋底上面平均有1公里厚的花岗岩类岩石，其下有5公里厚的玄武岩（实际上在广大的太平洋底只有玄武岩），有人计算过，构成大洋底地壳的岩石发生的热量，抵消大洋底失去的热量不到11%。

以上假定的大陆壳的厚度和海底地壳的厚度，当然是指平均的厚度，上述数据虽然不完全可靠，但也不是**毫无根据**，从地震观测所获得的大量事实（详后），与上述假定大体上是相符合的。这样推测出来的大陆壳的厚度，与考虑玄武岩流所得出的厚度，也相差不大。

地球上自有生物以来，地面的平均温度，虽然有时发生较大的变化，如大冰期来临的时代，但至少最后三次大冰期并没有使比较高级的生物群灭亡，相反，有些新种族特别发育。这说明尽管地面平均温度下降了，但下降的幅度不会太大。否则高级生物很难继续生存下去，更说不上有所发展。

按前述构成地壳的上下两层岩石含放射性元素的特点和它们的厚度来估计，地壳中岩石的发热量，是不够抵消地球失掉的热量的。那么，只有使用地球固有的热量来代偿不够**抵消**的数额，或者在地球内部不断发生发热的变化，来补偿消耗，才能保持地球表面的温度不至于不断下降；换句话说，在地热潜在**储量**的问题上，要地球“吃老本”，才能保持它的表面温度。这样一来，就会得出到一定的时候，地球会开始趋于衰老的结论。归根到底，地壳就有不断加厚的趋势。

地球表面的热流量＝地温梯度 × 岩石传热率。

地温向下如何增加，决定于近地面的地温梯度和岩石的传热率，而近地面的地温梯度与地表温度有密切的联系，岩石的传热率基本上是不会变的，所以，如若地球表面温度没有显著的变化，地球表面的热流量也不会有显著的变化。然而事实上，地球表面的平均温度有变化，虽然变化不大，一般认为这种变化，主要是由太阳的辐射热决定的。

根据上述情况，我们可以说地球是一个庞大的热库，有**源源不绝**的热流。

地热与地温是有密切关系的。地下的等温面一般不是平面，而是随地区和地带起伏不同，同时等温面之间的间隔也是各处不等。在等温面隆起的地方，间隔较小的地方，可以说是热异常区。这种热异常区的存在，是比较普遍的，但是直到现在还没有开展普遍的调查。在这种热异常区，取出地下储藏的热能是比较容易的。事实上，我们在钻井中已经遇到过大量的热水向外涌出的情况，热水的温度从四五十度到一百多度不等，这样，从地下取出热水并不限于热异常区，在其他必要的地区，也可以同样进行勘测和开发。从地下冒出的热水，往往还含有有用的物质，如若能够有计划地加以调查研究，在适当地点加以开发和综合利用，对祖国的社会主义建设肯定有很大的好处。同时，在这一方面的工作，我们将会站在世界的最前列。

地震波穿过地球各层的速度

地球上常会发生地震，但是对于它我们了解多少呢？地震会发出震波是怎么回事呢？

地震的震中，绝大部分深度不大，但也有少数地震是从地球深部发动的。每一次地震都发出三种不同的震波：第一种是纵波，又叫疏密波，它传播的方向和受震动的物质摆动的方向是一致的，好像音波一样；第二种是横波，又名扭动波，物质受这种波动而发生的**摆动**，并不与波动传播的方向一致，好像拿一条绳子让它摆动时，绳子各点摆动的方向和波动前进的方向是不一致的；第三种是表面波，这种波又分为两种，在此无须详述，它们仅仅在地面传播，当地震发生时，这种表面波破坏力较大。这三种波动传播的**速率**不等，纵波最快，横波较慢，跟着来的就是表面波。所以，在离震中稍远的地方，它们到达的时间不同，因此从纵波和横波到达的时差，可以计算接收这两种波动的地点到震中的距离。

弹性物质传这两种波的速度，是与它们物质的密度（比重）和某些弹性系数各有一定的关系。它们都是与传播物质的密度（比重）的平方根成反比例。因此，从震波传播的速度，可以推测传播它的物质的密度。

以上这些事实，是经过无数次**实践**的经验完全得到了证实，从理论上也可以得到证明。

另外，根据实践的经验，我们知道，固体既可以传播纵波，又能传播横波，而流体只能传播纵波，不能传播横波。

地震波传播的速度，在地球上各处看来稍有不同。从事地震工作的人们所提供的数据，也不完全一致。同一个人，不同时间提供的**数据**也不完全一致。不过，总的说来，只是大同小异。

另外有人认为，最上一层大约10–15公里，纵波传播速度大约每秒5.6公里，横波传播速度约每秒3.2公里，其下有不甚显著的不连续面，这个不连续面下的一层的厚度与上层大致相等，其传播速度是每秒6.2公里。深度45公里左右，传播速度突然增加，不连续情况，极为显著。

从上列数据，可以看出：

（1）地震波在地球中传播的速度，一般越到深处越大。

（2）速度不是**均匀**增加的，而是达到某些深度时突然增大，达到核心表面又显著地减少。在那些深度，构成地球物质的性质显然有所变化，一般越深越重。

（3）这种突然变化及不连续的现象，标志着地球内部，可以划分为若干个同心的球形圈，其中，最上一圈的厚度，一般认为33–45公里，但有的地方较厚，如青藏高原达到60公里以上，而另外有些地方，厚度较薄，最薄的地方不到三十几公里，个别地区更薄。这个最上的一圈，就是地壳。

（4）所有不连续面中，有两个不连续面特别值得注意。一个不连续面有时称为莫霍面；另一个是深度在2898公里的不连续面，有时称为古天伯不连续面。这个不连续面以上，直到地壳的底部之间的球形圈，统称为地幔。地幔以下的部分，统称为地球核心。

（5）到现在为止，还没有得到横波穿过地球核心的可靠记录。

（6）在2898公里的不连续面以下，地球核心各圈的密度虽然增加很快，但传播纵波的速度，反而比在地幔下部传播的速度显著地降低。

如若把地震波传播的速度和前述酸性岩和基性岩即硅铝层和硅镁层的分布情况结合起来考虑，似乎硅铝层和硅镁层或硅镁层的上部，都应属于地壳的组成部分。这样，就可以说，地壳的厚度，除了某些大洋或大洋中某些区域以及大陆上某些区域以外，大致可以认为，平均厚度不出30–40公里。这个数字，同地热方面推测的数字大致符合。

地震是可以预报的

地震，就是现今地壳运动的一种表现，也就是现代构造变动急剧地带所发生的破坏活动。那么地震作为自然灾害能够提前预报吗？地震预报有什么重要的作用呢？

地震能不能预报？有人认为，地震是不能预报的，如果这样，我们做工作就没有意义了。这个看法是错误的。地震是可以预报的。因为，地震不是发生在天空或某一个星球上，而是发生在我们这个地球上，绝大多数发生在地壳里。一年全球大约发生地震 500 万次左右，其中 95% 是浅震，一般在地下 5–20 公里。虽然每隔几秒钟就有一次地震或同时有几次，但从历史的记录看，破坏性大以致**毁灭**性的地震，并不是在地球上平均分布，而是在地壳中某些地带集中分布。震源位置，绝大多数在某些地质构造带上，特别是在断裂带上。这些都是可以直接见到或感到的现象，也是大家所熟悉的事实。

可见，地震是与地质构造有密切关系的。地震，就是现今地壳运动的一种表现，也就是现代构造变动急剧地带所发生的破坏活动。这一点，历史资料可以证明，现今的地震活动也是这样。

地震与任何事物一样，它的发生不是偶然的，而是有一个过程。近年来，特别是从邢台地震工作的实践经验看，不管地震发生的根本原因是什么，不管哪一种或哪几种物理现象，对某一次地震的发生，起了主导作用，它总是要把它的能量转化为**机械能**，才能够发动震动。关键之点，在于地震之所以发生，可以肯定是由于地下岩层在一定部位突然**破裂**，岩层之所以破裂又必然有一股力量在那里不断加强，直到超过了岩石在那里的对抗强度，而那股力量的加强，又必然有个积累的过程，问题就在这里。逐渐强化的那股地应力，可以按上述情况积累起来，通过破裂引起地震；也可以由于当地岩层结构软弱或者沿着已经存在的断裂，产生相应的**蠕动**；或者造成当地地块产生大面积、小幅度的升降或平移。在后两种情况下，积累的能量可能逐渐释放了，那就不一定有有感地震发生。因此，可以说，在地震发生以前，在有关的地应力场中必然有个加强的过程，但应力加强，不一定都是发生地震的前兆，这主要是由当地地质条件来决定的。

不管那一股力量是怎样引起的，它总离不开这个过程。这个过程的长短，我们现在还不知道，还有待在实践中探索，但我们可以说，这个变化是在破裂以前，而不是在它以后。因此，如果能抓住地震发生前的这个变化过程，是可以预报地震的。

可见，地震是由于地壳运动这个内因产生的。当然，也有外因，但不是起决定性作用的。所以，主要还是研究地球内部，具体地说，就是研究地壳的运动。在我看来，推动这种运动的力量，在岩石具有弹性的范围内，它是会在一定的过程中逐步加强，以至于在构造比较脆弱的处所发生破坏，引起震动。这就是地震发生的原因和过程。能否预报地震的主要**矛盾**，看来就在这里。

这样，抓住地壳构造活动的地带，用不同的方法去测定这种力量集中、强化乃至**释放**的过程，并进一步从不同的途径去探索掀起这股力量的各种原因，看来是我们当前探索地震预报的主要任务。

地应力存不存在？我们一次又一次，在不同地点，通过解除地应力的办法，变革了地应力对岩石的作用的现实状况，不

但直接地认识了地应力的存在和变化，而且证实了主应力，即最大主应力以及它作用的方向，处处是水平的或接近水平的。从试验结果看，地应力是客观存在的，这一点不用**怀疑**。瑞典人哈斯特，他在一个砷矿的矿柱上做过试验，在某一特定点上的应力值，原来以为是垂直方向的应力大，后来证实水平方向的应力比垂直方向的应力大 500 多倍，甚至有的大到 1000 倍。

构造地震之所以发生，主要是在于地壳构造运动。这种运动在岩层中所引起的地应力与岩层之间的矛盾，它们既对立又统一。地震就是这一矛盾**激化**所引起的结果。因此，研究地应力的变化、加强到突变的过程是解决地震预报的关键。抓不住地应力变化的过程，就很难预言地震是否发生。

辟美博士造的谣并浅说地震

地震的发源处在哪里呢？地震为地壳中的一种波动，其传播也如水面之波，有哪几种形式的差异呢？

本月一日，各报宣传中美通讯社香港电一则，谓美国夏威夷火山观测所长加克博士视察日本震灾各地发表调查报告，谓据此等地震观之，在最近之将来，必有使全球一变其形态之大地震发生。吾人未得加克博士报告原文，一寻其论说之根据，**深以为憾**。加克博士之论调，是否与中美通讯社传出之消息相埒，亦无从证实。兹姑假定实有此种言论，则不得不力斥之以为造谣惑世、大言欺人者戒。吾国有白莲教张天师之流，乡愚谓其能念咒画符、飞沙走石，倾信若神，西人讥笑，目为半开化民族，吾人受毁，诚有自取之道，无可讳饰。乃数年来今日谓地球将与某某彗星相冲突，明日谓**天昏地黑**，世界末日将至，致一般人民无智愚多为邪说所动，甚至有纵欲以待毙命者，其疯狂固不足责，而查此种言论，不出于张天师白莲教主，而出于开化的白人之口，不仅出宣教士提篮卖药之徒，而并出于某某天文台某某博士，然则所谓科学家与张天师，皆**一丘之貉**欤？科学的论断与白莲教之符咒相等欤？是则不可不辩者也。

考察地震现象，专家分为两类：一曰微震，一曰巨震。至微之震动，几乎无时无地不有，必待极**锐敏**之地震表，始能侦出。地面震动之时，其起跌在0.15至0.20以下者，对于人类之感觉，寻常不能发生何等影响。故所谓微震者，除专门研究者外，无人道及。至若巨震影响卓著，人尽知之。通俗所谓地震者，即指此类震动也。同属巨震，其强弱之差，往往天渊悬隔。有做些少之动摇，其影响与微震相出入者，亦有山崩水荡恍若成大地陆沉之象者，其间强弱之分，不胜枚举。地震学专家为便于调查研究起见，将地震之强度，分为若干等级，依其对人对物发生之影响定之，名曰地震强度表。强度表之种类甚多，以意大利人罗西（Rossi）、福列尔（Forel）二氏所创立后经麦卡里（Mercalli）所改订者，较为便宜。当此地震现象流行之时，特详举此表于次，以求阅者遇地震之时，立就观察所及，定其所居之地震动之强度，以供有志者之研究。

（1）震表震：仅见于地震表之记录上。

（2）极轻震：唯少数人在极安静之时，有所感觉，居高楼者或精神锐敏者感觉较著。

（3）轻震：在一地居民之中，感觉者颇为不少，唯觉震动极微，无丝毫**恐怖**之状，若不与曾受同样感觉者谈及，或得外间传来地震之消息，几不知有地震之发生。

（4）中震：居房屋内者，多数感觉震动，在外间有所感觉者，亦颇不少。但无惊怖之状，杯盘微有震动，地板作声，悬

挂之物件，缓慢动摇。

（5）强震：在房屋内者，人人皆觉震动，在街道上大半亦有感觉，睡者惊醒，间有人因受惊骇，由房屋外逃，悬铃有声，悬物动摇颇激，钟停。

（6）甚强震：人人皆觉地震，群众惊恐，居民外逃，置物坠落，建筑物之不牢者，稍受损坏。

（7）极强震：悬铃响，烟筒及顶瓦崩落，多数房屋，稍受损坏。

（8）破坏震：房屋有一部分破坏者，有全都倒塌者，无生命之丧失，但间有受伤之人。

（9）剧震：房屋有完全破坏者，其他大都破坏而至于不可居住，生命之丧失，虽不甚多，然随在皆有所闻。

（10）浩劫震：绝大多数之房屋，皆被破坏，生命丧失极多，地面发裂隙，山中轰然有声。

地震发源之处，常在地下，距震源愈近之处，影响愈烈，以故同一次地震，受其影响之各地，强度有相等者，有不相等者。若取强度相等之各地点在地图上以线联络之，则常成一种圆或椭圆形之曲线：此种曲线，名等震线。各度等震线形状，大率相似，依次排列，其公共之中心，即为震动最烈之处，专家呼之为外震心，一名外震源地。震动发源之区，以理推之，当在其下，故有此名。就理论而言，外震心应为一点，实则不独此点绝不存在，且外震源地往往涉及甚大之地域，甚至有时无从辨外震源地之存在，是皆专家研究之事，吾人现在所谈不与焉。

地震表种类颇多，以俄罗斯人格里芩（Golitsyn）所发明者为最锐敏，格氏地震表世界上现仅有四架，上海徐家汇天文台有其一。关于甘肃及日本之地震，此表皆有详细记录，就记录之结果比较，甘肃地震之猛烈，实有过于此次日本之地震。不过日本地震，东京、横滨等都会适蒙灾害，故损失甚大，且交通便利，消息灵通，宣传全球。而甘肃则位置鸾远，即在一国之内，寂寂无所传布，国人亦不求有所闻。且中国乡曲细民，生命不值粪土，虽死者达十余万乃至二十五万之多，毫不足以动社会上一班慈善家以及**时髦**的大人物之同情，宜乎为邻国之灾，则大有人呼号奔走，而国内之惨剧，则无一人道及也。

地震为地壳中之一种波动，其传播也如水面之波，然地震表之记录，依表之构造不同，其形式亦各有差异。概言之，震动之来，可分为三期：第一期震动之形式常锐而速，间亦有缓慢者，地震学家称为初震（undae primae）。初震震动之时间，不过若干秒，寻常视为纵波到着之表示。初震发生以后，震表常呈不规则之微动，历若干时间，复现激烈之摆动，是为第二期之震动，名曰次震（undae secundae）。次震之振幅虽常大于初震，而其起点每不易**分辨**，说者谓次震为横波到着之表示。次震发生以后，震表复表示一种不甚规则之摆动，但此次摆动之摆幅，较大于初震后所发生者。次震震动时间之长短，与波来之远近有关系，再历若干时，震表乃表示一种极有规则之运动，是乃第三期之震动，名曰主震（undae dae longae）。主震之周期最匀，始则摆幅短而周期长，继则摆幅长而周期短，终则入于余震（coda）而渐渐消灭。纵波传布之速率，大于横波，故震源距震表所在之地愈远，则初震与次震相隔之时期愈长。若初震与次震相隔之时间计量甚为**精确**，则不难依一定之公式

求震表离震源地之距离，又以相当之布置，不难测出波来之方向。故以震表可定远方地震之发生，震表之锐敏者，可感数万里外之震动。

地震发生之原因，至今其说不一。昔人谓火山作用所致，乃属误解，学者久已证明此说非是。盖火山爆发时，其附近地域未始不发生震动，然此种震动，大都范围甚小，影响亦微，与寻常地震之震动，未可同日语。欧洲地震学家有谓在地质时代中较新之盆地，往往为地震发源之所，征诸事实，亦未尽确；又有谓地质构造变更激烈之处，为地震发源之地者，从理想上推测，此说似最为近是，征诸事实，此说亦觉信有可凭。所谓地质构造变更激烈之处者，不外火山脉之麓，如云南及印度之北部等地方，美洲之太平洋沿岸一带，陆地与深洋相接之处，如日本之东南部地层陷落及地脉突然转折之处是也。据奥地利地质学家休斯（E.Suess）之研究，东亚板块之构造，可分为若干弧形，各弧大致平行，其公共之中心，约在贝加尔湖附近。昆仑山脉，自西北来经过甘肃南部折而往东而又往东北，成阿拉山（亦名贺兰山）脉，是为一弧。迤南为秦岭，东连太行向东北旋转，又成一弧。中国东南海岸，似成第三弧。日本、琉球乃至安南一带，断断续续，又成一弧。休氏弧形板块之说，及以上所述弧形与青藏高原之关系，虽尚待详考，而弧线经过之地域，及青藏高原之周围（特别东南两方面），皆为板块之弱点，似无多讨论。如板块薄弱之处，果为地壳易于变动之区，亦即易于发生震动之区，则东亚大陆中坚部分——即青藏高原之旁，及苏氏所谓弧线经过之所，皆应为易于震动之带，此等地域，在板块之构造上，既有密切之关系，则其中如有一处发生变故，其他薄弱之处，当不能不应势而动。故自甘肃大地震以后，吾人曾料及川西、云南甚至日本东南部将有地震发生，及日本之地震已经实现，吾人又料及菲律宾及印度北部，难免不遭震灾，是两处果已有地震之事实，及此等地域地震发生以后，吾人乃知亚洲大陆全体板块，大约微有变动，然则按照广义对等运动（Isostasy）之原则，太平洋东岸凡地质构造变更激烈之地域，势将不能不发生相对之变动，变动过速则酿成地震，理至**浅显**，事亦寻常。将来美洲太平洋沿岸一带固难免无震动发生，如值都会之区，为害较前或更厉。若谓将致**天翻地覆**，如加克博士所云全球之形态为之一变者，则非吾人所敢预言也。

若更论及深远，吾人尚可举过去几亿万万年地球之历史以为佐证。即当世界板块变动最猛烈之时，吾人未曾见有忽焉山夷海涸之遗迹，若泛泛为言，则地球表面，固无一日不变更其形态，又何待地震为之主动耶？岂大言欺人、好事夸张为美人之通性欤？抑博士个人别有所为，故作此**诱惑**乡愚之语耶？吾侪不敏，用质方家。

现代繁华与炭

物质文明在中国有着如何的理解？热力对我们的生活真的是这样的重要吗？

一、欧美“文化”的曲子

诸位同学，前天有几个朋友邀我到这里来讲演。我一想，这倒是极有趣味，但是极不容易的一件事。我有什么把握，可以在诸位面前**大言不惭**地讲经说法？今天时候不多，本不容说闲话。但是我们看世界上有许多人把世界上的事往往平常看过，甚至讲到学术，大家也就不知不觉守一种人云亦云的态度。人类进步甚慢的大原因，恐怕就在这里。我们倘若想脱离这种积习、这种**束缚**，不可不先存一种气概。诸位苦心志，劳筋骨，到欧洲来求学，自然是抱着一种气概，令人佩服的。但是我所说的气概，与这个意义有点儿不同。我的用意，是要我们互相勉励、互相警戒，凡遇着新境象、新学说，切不可为它所支配，为它所奴隶。我们还要分析它，看它究竟是怎么一回事。既到学术场中，心只管细，胆只管大，就是那冲烦错乱的世界，天经地义的学说，都不能吓倒我们。从前在中国有人问孔，就斥为异端。现在讲学，没有这回事情。诸位尽可放心。虽然，我们万不可故意与人家辩驳、与人家捣乱，或者逞一己的偏见，固执自豪，或者好作奇谈，**沽名钓誉**。那种狂谬的行为，非但不是勇猛精进的正道，而实在是一种精神病，已远出自由讲学的正轨，真正讲学的精神，大概用一句话可以概括，那就是为真理奋斗。

我方才含糊地说了新境象三个字。什么叫作新境象？从实地看来，我们现在所处的境遇，可算得是一个新境象。这境象与我们朝夕不离。所以我们切不可为它所蒙昧，我们应该冷眼观察它，并且详细地分析它。我曾听得许多人讲，我们中国人初到欧洲的时期，大概不免为这边的“物质文明”所牵动。中国人大半都说中国所缺的也就是这个“物质文明”。然则什么叫作文明？什么东西为造成这种“物质文明”最紧要的原料？今天我原来是想同诸位讨论第二个问题。但是第二个问题**牵涉**第一个。所以对于第一个问题也不能不约略地讲几句。

诸位都知道“物质文明”这四个字，在中国是一个新名词。讲点儿新学的人没有几个不把它当作一个口头禅用。至若说到这个名词所包括的东西，我想没有两个人意见完全相同。倘若一定要追求它的意义，大家不过**糊糊涂涂**地说那轮船、火车、飞机、大炮之类，就是“物质文明”的器具。这些器具动起来的时候，就成了一种“物质文明”的表现。我想一般欧美人对于“物质文明”的观念也不过如是。或者有人要那人类社

会的许多机关也加在“物质文明”里去。是否得当，我都不敢说。这样看来，“物质文明”这个名词，并没有一个一定不易的定义。

再进一层着想，物质两个字，是对精神两个字说的。既说有物质文明，当然可说有精神文明。然则精神文明与物质文明的区别若何？有人说一切性情及意识的活动，都属于精神界，故感情及思想上的产物，如乐谱、著述之类，皆为精神文明的表现。试问这样情意的活动，能否超脱物质？又试问种种物质的东西及其活动，能否脱离**无影无形**的自然法则及生物的意识？我现在任怎样想，想不出一种绝对的是精神上的东西，并想不出一种绝对的是物质的东西。物理学家都认为宇宙之间，无处不有一种弹性完全的东西，名叫“以太”（Aether）。某物理学家讲可见的物质，是以太中发生的不可见的事故。不可见的以太，倒是实在的一种东西。这是**纯粹**物理学上的问题。我们今天就是想讨论，也绝讨论不了的。现在姑勿论物质究竟为何，精神物质两元的设想（Dualisme），总有许多地方想不通的。我们既不能决定精神的东西与物质的东西是否不即不离，又不敢遽然说它们是一种东西的两个面。所以无由区别精神的文明与物质的文明。

说到文明，诸位还要许我讲几句闲话。我们初到巴黎来看这里的房子如此之大而且华丽，街道如此之宽而且清洁。天上飞的，地下跑的，**瞬息千变**。我们就吃了一惊。到了休息的日期，那大街上人山人海，衣冠文物，一齐都摆出来了，我们又吃了一惊，不独惊讶，而且心里不知不觉生一种钦慕之感，以为欧洲的文化实在比中国胜多了。过了几天，也觉得没有什么了不得的，以为欧洲的文明，不过如是而已。这两种感想，都有一点儿道理，但都是极粗浅浮泛的。仔细一想，就知道他们的文化的根源，另在一个地方。在什么地方？在他们的脑袋里。他们尊重逻辑（Logique），严守秩序，勇于对人对物的组织等情形。比中国那**无法无天**，混闹一顿，是有点儿不同，是文明些。如此说来，与其称现代欧美的文化为物质文明，不若称之为广义机械的文明。至若由这种抽象的机械所生的种种现象，如各样的建造以及各种**熙熙攘攘**的情形，最好是另用一个名词代表，我想无妨称它为繁华。

我原来想把今天讨论的题目叫作“物质文明与炭”。但是因为物质文明四个字的意义暧昧如前所述。所以不得已将题目改为现代繁华与炭。文明不文明，与我们今天没有关系。繁者对简而言，华者对实而言。由简趋繁，由实之华，仿佛是自然的趋势。枝节虽多，根本却是没有极大的变更。譬如有树，一入冬天，就枝叶零落，状如枯槁；但是春夏再至，茂盛蓬勃，又如去年。是可见树木繁华的状态，是一种生生不已的势力的表现。每遇有适宜的机会，如**气候温和**、肥料充足等条件，它就发泄出来了，条件不对，它又收藏如故。

然则什么是最有利的条件助长现今人类的繁华？人类用种种方法以谋繁华，正如那草木常具生生不已的势力时时刻刻要求发展，这是人类自己的事，草木自己的事。如若外面的机缘不适，情形不对，任它们怎样想发展也是发不出来、展不出来的。我方才说要同诸位讨论什么东西为造成“物质文明”最紧

要的原料，倒不如说什么东西是现代繁华的最大的凭借？这个东西就是我们大家都知道的天然势力。天然势力的种类虽多，但是可以供人类役使的，至今我们只知有流行不已的热势力。人类所用的其余各样的天然势力，大概都是由热势力换来的。热势力为人类所做的事，实在不少。广而言之，如若没有热势力流行，地球上今天恐怕没有这种种生物，自然连人类也是没有。但是与我们现在的问题相关的，并不是那**广大无边**的热势力，乃是**集注**于一地的热势力。在一定的地方集注的热势力愈大，它发展出来的时候，情形愈是激烈。所以人类活动的程度，造出的繁华，当然是与他所操纵的热势力集中的程度为比例的。我们现在可以举出几件事实，大家就知道我们现在的生活，与这种集中的热势力相关是如何密切的。

试问我们这一座房子是什么东西造成的？最紧要的材料就是砖、瓦、木料、玻璃等项。砖、瓦、玻璃都是用火烧成的。木料是直接犹如火一般的太阳送来的光线养成的。然则没有如是的激烈热势力，我们这个房子就住不成了。诸位同我是如何到这里来的？坐轮船、坐火车、坐电车来的。轮船、火车、电车如何能动？因为有一架或几架中央的热机关。我这一件衣服的原料是如何做成的？是机器织成的。机器因为什么旋转？我想后面必有一架热机推它。所以我们如若不会用或不能用集中的天然热势力，今天这回事恐怕不会发生。请诸位再到巴黎**繁华**场中看看，无论是事是物恐怕没有几多不是直接或间接由热力势造出来的。然则这样激烈的热势力是由什么地方来的？一极小部分由煤油发生的，大部分是由煤炭发生的。

现在我们就要问世界上的煤炭是不是有限的？是不是可以生长的？若是有限，若是不能生长，到了世界煤炭用完了那个时期，或者就是有也极不容易开采的那个时期，我们是不是可以发现一种势力的储蓄物或一种势力的**渊源**来代替煤炭？这些问题就是我们今天的问题。

至若煤油有限极了，由地质学上考究起来，我们确知世界上的煤油远不及煤炭多。所以最要紧的问题还是在煤炭，不在煤油。现在内燃热机日盛一日，到了没有煤炭的日子，煤油一定早没有了。英国地质家拉姆齐（AC.Ramsay）早已警告英国人，他说如若英国每年消费煤炭的量将来不减，不过二三百年，英国三岛就没有炭可挖了。英国地下所藏的煤炭渐渐减少，工业渐渐困难的问题，耶方斯（W.S.Jevons）早已论过。岂独英国为然，哪一个所谓文明的国民不是用许多人拼命地挖炭，只有中国还有许多煤厂，不独没有用新法开采，并且没有一个详细的**调查**。所以我想今天借这个机会，把中国煤厂分布的情形，就我所知道的约略一述。

二、中国煤厂分布的情形

说到地下煤层分布的情形，我们已经进入地质学的范围。诸位中有没有学过地质学的？所以现在最好是先把地壳构成的情况略谈一谈。为什么不说地球而说地壳？因为关于地球结壳以前的历史，我们还没有确当不易的知识。康德早已说到这个问题但不完备。自法国有名的天文学家拉普拉斯（Laplace）以星云之说解释太阳系的由来以来，种种关于地球的由来的学说，逐渐涌出。论到枝枝节节，虽是**众口纷纷**，莫衷一是。而关于大概的情形，大家的意见似乎相同。地球的初期无所谓球，大约是一团气汁。历时既久，这气汁自然地渐渐冷缩。它的表面结成硬壳，**高低不平**。壳上的空气中所含的气渐凝为水，于是海陆划分，于是种种地质学上的现象发生了。地质学上所讲的地球史，最早也不过是从那时候起。

“地质学上的现象”这几个字还要费解。我们都知道那做文章的人常用“**坚若磐石**”“安如泰山”等成句。意若曰那磐石、泰山是千古不变的。这个观念，根本错了。仔细考察起来，我们就知道有许多天然的力来毁坏它们，来推移它们。它们朝夕受冰霜凝解、热度变更的影响，渐渐疏解；又受种种化学的作用，渐渐腐坏，加以风雨的摧残，河流的冲击，无一时不受剥蚀，无一时不经历变迁，何安之有？那些已经破坏的岩石，或为块砾，或为沙泥，散在地面。久而久之，都为雨水河流洗到湖海里去，一层一层地停积起来。据种种考察，现今海底停积物的成分粗细，与其所停积的地方有关系。在海滨停积的东西，大概沙砾居多，离海滨愈远，沙砾愈少，泥质愈多。而在大洋底的停积物，往往为石灰质或矽质。这种石灰质或矽质，大都是海中的生物的遗骸造成的。这样看来，地表变迁的现象可分三项：曰剥蚀，曰转运，曰停积。陆地常遭剥蚀，潮流、河流或风力专司转运，海底常主停积，这三项现象，自然是有连带的关系。

还有许多现象是由地里发生的，最明显的就是火山**爆发**、地震、地裂等事。这些剧烈的现象，是人人都知道的，更有缓慢的现象不容易观察。比方，在海滨往往有古代人工所造的泊船码头，今日远出海面；又时有森林的遗迹，今日淹没于海湾。此类的事实，不一而足。这种事实何以发生？诸位想想。那自然是因为海面与陆地做一种相差的运动，或是不一致的运动。我们有许多另外的凭据证明这些**变迁**并不是因为海面的升降，然则必是因为陆地的起跌。所以我们知道这个地皮是动摇不定的。只因动得极慢，所以人都**不知不觉**。是的啊！就是我们现在的地方，自地球上有生物以来，不知道已经沧桑几变。

以上所说的各种现象，都落在地质学的范围里，都是经了许多的经验、许多的观察分辨出来的，既非想象，又非学说，主使这些现象的力，现在就在运行。我们既知道这些现象的原原本本再来由已知求未知，就现在推过去。这当然是考究地球历史的一个正当方法。但是过去的现象已经过去，我们有什么路径去寻它？我们因为能通一国的文字，所以能读一国的历史书，由那历史书上的种种记录，就得以知道那一国的历史。这件事含着两个紧要的条件：（一）先要得一部历史书；（二）那历史书中一页一页的图画文字要我们能懂的。现在我们已经有

了一部大书，专写地球自结壳以来的历史。那书是什么？就是地壳。关于第一个条件，我们是已经满足了。但是说到第二个条件，就有种种的难题发生。地质学家关于地球的历史争来争去、说来说去，总离不了这些难题。想解决这些难题，我们不能不借用各种科学公共的根本法则。那就是相似的原因必发生相似的结果，时与地没有关系。这个大法则，可算得是科学家的上帝。假使我们把现今地面各处发生的地质或地文学上的现象搜集起来，**连贯**起来，我们就不难定夺某某原因发生某某结果。北方冰川经过的地方（因）常有带痕迹的岩石（果）；河流经过的地方（因），常遗沙砾之类（果）；火山爆发的地方（因），常有喷出的岩片、岩灰或岩流等物（果）；气候**炎热**的地方（因），往往生长特别的动物、植物，如鳄鱼、椰子之类（果）。过去地面及地壳里的种种变迁，也留下种种结果。变迁的情形现在虽不可见，而变迁的结果至少有一部分，幸而存在天然的博物馆中，记在天然的地质历史书中。如若前说的科学根本法则有效，我们应该可以准确推断现在因果相循之规律，按过去地面及地壳里所生长出种种结果的次序，追求过去地质现象继续的情形。如陵谷的变迁，海陆的**转移**，气候寒暑的更迭等事，都在能研究的范围以内。过去地面及地壳里所生出的种种结果是什么？那就是各样各层的岩石。这些岩石一层一层地倒在我们的脚下，正如那历史书一页一页地摆在我们的面前。

岩石可概分为三种：一曰沉积岩亦曰水成岩。这种岩石，是由粉细或块粒的物质一层一层地结合而成的。依其结构成分，定出种种名目，如石灰质的名叫石灰岩，与今日大洋里的停积类似。泥质而能分成薄层的名叫页岩，由沙砾固结而成的名曰砂岩、砾岩，这些与今日的浅海或浅水里的停积物相似。二曰凝结岩亦名火成岩。这种岩石，大半都是由大小的晶片凑合而成的。与今日火山里喷出的岩流及冶炼炉中所出的渣子相类，大概是极热的岩汁因冷却凝结而成的。三曰变形岩，前两种岩石，有时一部分或全部变其原来的面目。如沉积岩与火成岩相接的处所往往呈结晶之象；又如地球上有许多极古的岩石，其结构往往**错杂不堪**，时带条纹，仿佛是曾历大热或巨压。最有趣的就是那些岩石中，常有生物的遗痕遗、像或化石。地质学家统称这样的东西为化石。比方现在我们由巴黎这个地方挖下去，在接近表面的地层中所发现的化石，有许多种族还生存于今日的海中。愈到下面的地层中，**奇形怪状**的生物遗像愈多。与现今世界上生存的生物相似的愈少。据这种生物群变更的情形及地层构造的情形，地质学家把地壳的历史分作若干段。中国的历史中有三皇五帝、秦朝、汉朝、唐朝、明朝等时代的名目。地质历史中亦有许多时代的名目。这些名目之中有许多是全世界所公用的。现在我按着这些时代新古的次序，从上至下把它们的名目列举出来。

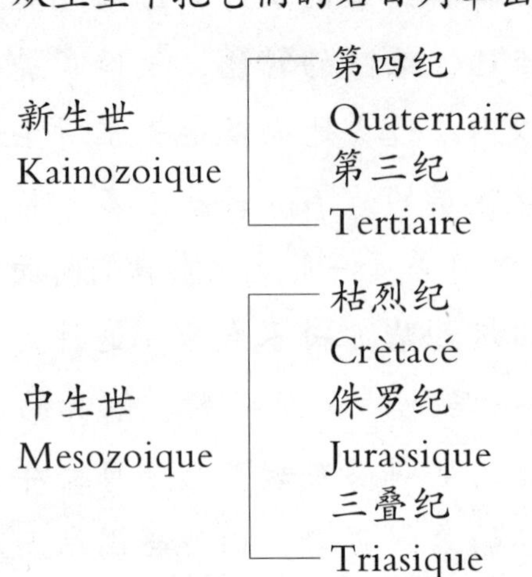

古生世 Paléozoique

- 二叠纪 Permien
- 葭蓬纪 Carboniferien

（以上）一名多煤纪

- 地否纪 Devonien
- 塞鲁纪 Silurien
- 阿多纪 Ordovicien
- 堪步纪 Cambrién

（阿多纪、堪步纪）在中国名震旦纪 Sinien

肇生世 Proterozoique

- 在中国名五台—南口纪
- 混沌不分

自肇生世以至今日，不知已经几万万年。自有地球以来，更不知经过了若干万万年。我们现在确实知道的有两件要紧的事：第一是以前所列举的时纪都是很长很古的。就生物的变迁一端着想，我们就知道这句话是不错的。在堪步纪以前的岩层中，世界各地除北美几处外，迄今未曾发现确实无疑的化石。到了堪步纪的时候，各项海洋生物“忽然”繁殖。到塞鲁纪的末叶，最初的有脊动物——鱼类始行出现。在二叠纪的时候，鸟类乃生。在中生世两栖类颇盛。在第三纪哺乳类散布全球。那哺乳类中最进步的猴类头脑渐渐进化，到了第三纪的末叶第四纪的初期，真正的人类——属于人科（Hominidae）才产生，在人类历史学家看来，旧石器时代（Paleolithique）已经古不堪言。而在地质学家看来，人类初出现的那个时期，是最新最近的，如昨天一般。

第二是每一纪有一段岩层为之代表。由理想判断，那些岩层，层位愈下的所属的时代当然愈古。然则何以高山之巅，如中国的泰山、秦岭、南山，往往露极古的岩石？谈到这个问题我们不能不考究地层的构造。诸位在山边海岸，想曾见过露出的地层。那些地层，多半不是皱了折了，就是断了裂了。平平整整如一本书一页一页排列下去的是很少的，因为这样的情形，所以在实地勘察地质有许多难处。

现在我们把以前所说的话再来通盘一想，既说是一处的地层，可分作几段，各段中所含的生物的遗像及各段岩层的性质，往往绝不相伦。然则这样的变迁是如何使然的？从前有一派学者说，这是因为过去的时代地面经了几次剧变，如洪水滔天之类，把当时的生物都扑灭了，好像中国每朝的末造，必定发生许多流贼杀人放火。自英国莱伊尔（C.Lyell）提倡均变论学说以来，大多数的地质学者都认为剧变之说欠妥，均变之说较为得当。均变之说：曰过去各时代的地质变迁，大都是渐渐的，并不是猝然的。过去地壳上变更的情形与现今我们所目睹的情形，无论就种类而论，或程度而论，大概没有许多不同的地方，这样的说法，有很多事实为之证明，但是也有一个限制的。比方肇生世的时候与现今比较，到底异同若何，实在是一个悬案，在肇生世以前更不待言。

地质学上的种种根本问题既已约略地点缀，现在可以继续说煤炭了。由岩石学上看来，煤炭是一种沉积岩。因为它一层一层地夹在砂岩、页岩或石灰岩之中，就其构造而论，与其余的沉积岩并没有大分别，其造成的原料是由古代植物来的。

地球上各处的气候时时变更。各种植物每逢宜其生长的机会，它们就生长。气候愈适（如热湿等）生长愈盛且愈速。那些植物之中，自然有一部分还未到完全**腐烂分解**以前，被河流冲到湖沼海湾，埋没于泥沙之中。久而久之，全体炭化，成了我们今天所用的煤炭。有许多人以为煤炭在地下愈久，其质愈变纯净，这个观念是不对的。因为煤炭的成分大约是依原来的植物的种类为转移，比方烟煤永世不会变成无烟煤。照这样看来我们敢断言两件事：第一是地下的煤炭绝不能生长，也绝不会变更。第二是煤炭的生成须特别的气候，特别的情形，并须极长的时期。即令现在有生煤的机会，生煤的地方 ，待煤成了的日子，不知人类已经变成了一种什么怪物。

在中国共有五个地质时代造了煤炭，最古的为“地否纪”。属于这个时代的煤层很少。据莫诺说他曾在贵州西南方的兴义县附近见过。据我看来莫诺所获的化石，还不足以确定时代。所以他所说的地否纪煤层究竟是不是属地否纪还待**考究**。

其次为多煤纪。这一纪前后所造的煤比其余各纪都多。世界各处的煤层也以这一纪所造的为最多。中国北方的煤炭除辽河流域的附近，山西大同，直隶斋堂等地外大都属于此纪。扬子江中游、下游各省以及浙江、福建、广东各处所出的煤，一大部分是属于此纪的。再次为三叠纪。川东云贵所出的煤多属于此纪。再次为侏罗纪。属于此纪的煤层见于大同、斋堂、四川及扬子江中下游数处。最后的造煤时代为第三纪。第三纪的煤炭仅见于满洲及云南蒙自等处。东北那有名的抚顺煤矿，就是最好的一个代表。

中国各省的煤矿，**迄今**还没有完全地调查。我们现在所知道的大都是由外国的矿业杂志或外国人在中国的地质调查记里得来的。以下所说的中国煤矿分配的情形，未免近于东鳞西爪，**七零八落**。数年前中国地质调查所的丁文江已着手调查。我们希望丁君不久就能把他调查的结果详细地报告出来。

三、将来利用天然势力的机会

这个题目太大，绝不是一口气可以说完的。现代的科学还在幼稚时代，对于这个问题并没有一个落实的解决。所以我们在此所讨论的难免不是**举一漏百**。就所举的方法，究竟有多少价值，还是疑问。这也不必管它，因为我们今天的目的并不是求几个完全的解决办法。我们的目的，第一是要使大家知道这个问题有研究的必要，第二是有些什么路径可以研究下去。

地球上流行的天然势力，就我们现在所知道的，从其由来着想，可分作几项：（一）源于天体的运转者；（二）源于原子的爆裂者；（三）由太阳送来的势力。这三项之中，似以第三项为最关紧要。

先说第一项。地球每自转一周，海洋各处相对月球的位置，**时时刻刻**不同。每公转一周，相对太阳的位置，又时时刻刻不同。所以同一处的海水受日月的引力，时时不等，潮汐由是而生。但是月球距地球较太阳距地球近多了，引力的强弱是与两个物体相隔的距离的自乘为反比例的。所以**潮汐**的起落，与各处相对月球之位置相关较著。一年之中，有时月球引力之方向与太阳引力之方向相同，那个时候，潮汐起落之差最大。春潮之所以发生，就是因为那个道理。关于潮汐的起落，有一件事，往往为人所误解。那件事就是许多人都以为仅仅地球距月球最近的那一面的海水，被月球吸起所以潮汐上升。殊不知正与月球相反的那一面也有潮汐上升。这是什么道理？要追究这个道理，我们不能不追究引力的**法则**。大家都知道两个物体间引力的强弱是与两个物体的质量为正比例，与其间之距离之自乘为反比例。

地球之各部分相对月球之位置不同，那就是两者之间距离不同。距离既不同，所以各部分所受之引力强弱不同。离月球愈远的部分，它所受的引力愈小。所以假若地球全体是水做成的，那个地球受了月球的引力，必然变成一个椭球。那个椭球的长轴，必然与月球所在之方向大概一致。但地球的全体并不是水做成的。陆地虽受月球的引力，却是昂然不动。而海水为液体，不得不应月球所在之方向，流来流去。所以潮汐之往来在海陆相接之地最著。

潮汐之流动，就是一种动势力的表现。倘若在海峡、海滨用适当的方法，设相宜的机关，这种潮流的势力，未始**不可收拾**储蓄，供人类的役使。这个机会，是略有一点儿科学知识的人都知道的。但是还没有一个可实行的计划。这种研究，自然应落在水力工程学及土木工程学的范围里。

再说第二项。化学家经过了许多的试验，证明一切物质是由分子集合而成的。每一个分子，是由一种或数种原子以一定的数目，依一定的**配置**相依而成的。寻常所谓化学的变化，都不影响于原子的构造。所以从化学上看来，原子可算得是不可复分的东西。但是近来物理学家、化学家又发现了一种新物质以及与那种新物质相连的许多新现象。现今世界上的物理学家**仿佛**是以全力来攻这个新题目。我们应该知道一个大概。

诸位想必知道各种物质之中，有一种能传电，亦有一种不能传电。比方五金之类以及许多的含盐类的液质都能传电。而玻璃、木料、寻常的干空气之类都不能传电。假使我们现在取一玻璃管（比方长一尺，径一寸），那管的两端紧闭，空气不能自由出入。再嵌一金类之小板于管之一端内，又嵌一金类之导线于另一端端内。试使小板之端与高压电机（如感应电机之类）之阴极相连，另一端与阳极相连，管中必无何等现象可睹。如若设法将管中的空气抽去一大部分，使管中剩余的气极为稀薄，再将高压的电流联络于管的两端。那时候的情形便不同了。由阴极的小板发出一种紫色的“光线”，其前进之路与板面成直角，如有固体硬塞于那紫色光的路中，那固体就显种种的光彩，并发大热。有名的X光线，就是这个阴极发射出来

的东西途中碰着白金板而反射出来的光线。由阴极发射出来的东西并且显机械的作用。譬如置极轻之叶轮于管中，那叶轮就要被它冲动而**旋转**，如水冲水车、风推风车一般。最值得注意的，那就是阴极发射线受磁力的影响。如若横置磁石于发射线之旁，那发射线就变弯了，与阴电流受了磁场的影响所生的结果相同，发射线又能透过极薄之铝叶，足见得它并不是光线。就前说的种种性质看来，我们不能不疑它是一点一点带阴电的物质，以极大的速率由阴极射出来的。这个情形**倘若**是真的，我们不难用一种方法，求出那种带阴电的物质的质量与其所带之电量之比以及其射出之速率等项。

诸位，我们所要讨论的问题是势力的问题。我方才为什么冤枉地说了一顿原子的构造。这里有点儿缘由，并非单是因为那发射的势力是由原子以内发泄出来的，所以原子构造的问题与我们的问题有关系。实在是因为电子之说，无机物进化之说，近年来风动一时，我们中国的“旧派”对于一切新学说、新理想的态度就是屏诸四夷，**不闻不问**。而所谓治新学者，往往为好奇心所鼓动，抓着新东西就要说，听着新学说就相信，似乎未免近于率尔。所以我现在勉强说了几项紧要的事实以示那极玄妙的电子说是由极寻常的事实推出来的，最要紧的还是事实。那电子说成不成，还要待我们仔细的分析，什么为本，什么为末，万万不可弄错。

第三项可分作三个细目说：

1. 由太阳的热所生的动势力，河流与气流都是这种势力的表现。地面的水受太阳的热，变为蒸气，气腾于空中，减其热度，变为雨雪，落在地面的高处，受地球的引力，不能停留，于是河流发生。所以地面各处的河流可视为天然热机的一部分。在中国河流甚激的地方，古代已有人建设水车，利用此项势力以灌溉田地，但利用之方未曾十分进步。在欧美利用水力之地也极多，以美国的尼亚加拉河及挪威等处为最著名。近闻瑞士也有大举利用水力转运电车的计划。中国高山大川不少，可设水力机关的地方必定很多。研究机械工程的人，正宜留心这个题目。

空气的压力**随时随地**不匀。高压的气当然常往低压的地方走，所以生风。气压变更的原因极其复杂。我们今天没有工夫讨论。我们应知道的，第一是使空气流动的势力是由太阳来的。第二是风的势力可用风车等项机器弄到人类的手里来。但是风力时有时无，时强时弱，那是在人工**操纵**的范围以外。

2. 直接由太阳送来的热势力，由太阳送至地球的光和热，一部分为空气所吸收，增其热度；一部分直达于地面。现今在热带的地方，如开罗（Cairo）附近，已有热机，直接利用太阳传来的热。其法用一架甚大的凹镜先收集太阳传来的热力于一处（即凹镜之焦点），再用那集中的热力运转寻常的热机，如汽机之类。此项直接用太阳的热的热机，尚在极幼稚的时代。从机械工程学上看起来，还有许多研究的余地。

以上所说的各项势力，除第二项（即原子以内的势力）外，其流行也，或囿于地，或厄于时。欲其应人类随地随时之需，不能不想出各种方法来**储蓄**它，来收敛它，使它易于运搬，易于对付。我们现今已发明许多收敛、储蓄势力的方法。那些方

法可分为两类：第一类根据物质电离电合之性。蓄电池就是这类的东西。蓄电池中之物质，受外来电流之影响而生一种化学的变化。若撤去外来的电流，**联络**其两极，蓄电池就吐出电流，其中的物质渐变回原样。第二类根据热化学的原则。比方有两种物质化合而成第三种物质。倘若其化合时吸收若干热量，其**分解**成原来的两种物质时，亦必吐出相等的热量，以人工造燃料的原理就在这里。

将来制造燃料的方法进步，或者与碳化钙相似的东西渐渐就要出现。那些东西，就可借太阳直接送来的热势力，或风势力，或水势力造出来。换言之，我们就可把那厄于时、囿于地的自然势力抓在手里，随我们的意思去分配它。

3. 生物所积收的热势力，寻常的动植物，大都是离了太阳的光和热就不能生活。那畏阳光的生物，如许多微菌之类，也要借种种有机的物质才能生活。那些有机的物质，大概是由受阳光而生长的动植物里出来的。就是那深洋底的生物，虽直接受阳光的影响很少，但是我们没有凭据说它们的生活不间接受太阳的影响。地球上所有生物的生命，究竟与太阳里送来的势力有如何的关系，原来是一个很大的问题，现在姑且勿论。就我们日常的观察判断，太阳的光和热与动植物的生命似乎有极密切的关系。所以我现在权且把生物所积收的热势力，也列在第三项势力的**渊源**里。

各种天然势力的储蓄物中，最先为人类所抓着的，不能不说是现代生存的各种植物。不分其种类，不分其成分，拿着就烧，那是利用这种势力储蓄物的最粗陋的方法。进一步，就是把植物的躯干变成木炭。木炭燃烧时所发出的热，自然是比等量的木材燃烧时，所发出的热量较大而力较强。再进一步就是用破坏蒸馏法，由木材里分出种种有用的东西。木材的成分随其种类不同，还有许多有用的东西，我们现在不必**计较**。与我们现在的问题最有关系的就是木炭与酒精。大抵软质的木料多含胶质而少酒精，硬质的木料与之相反。

现今制造家蒸馏木材的目的，大半不在取木炭而在取其余的副产物，如酒精、醋质之类。

低洼之地，往往有**腐烂**的植物，如苔藓之属，与泥沙等质停积于一处而成泥炭。

湖沼之中往往有微生物。其体虽小而其生长繁殖异常之快。硅藻纲（Diatomacae）等族是这类生物中最值得注意的。由海底、河底、湖底挖起来的泥土中，有时含一种物质与煤油相似。那种物质，或者是由前说的那一类的微生物酝酿出来的。倘若生物化学家再详加考察，**探悉**那些生物生长的习惯，我们未始不可想出方法来培植它们，用它们的身体做我们的燃料。

将来比较有希望的，就是直接由太阳送来的势力以及生物所积收的势力。在热带地方，当然可设许多的凹镜收集太阳的热，用太阳的热就可制造种种燃料，如碳化钙（CaC_2）之类。但是这两种办法也有许多难处。那太阳光线的强度，每日时时变更。因为这样的变更，供给的力量必不能匀，供给的力量不匀就不利于制造。偶有云雨，机器就要停止。这也是大不方便的一件事。况且镜面须大，造镜的材料，都是很贵的。说来说去，我们的希望还是落在生物身上，但是也不能不分别孰轻孰重，煤炭一年比一年减少。水中的微生物到底能不能为我们造出极多的燃料是一个问题。将来的答案难免不是一个“否”字。世界上人口日增，食料渐渐困难，用五谷之类制造燃料，恐怕很成问题。那么，最终的就是木材一项，世界上旷野之地尽量来培植森林，用尽科学的方法，将木材变为最经济的燃料，如造成酒精之类。到底能否代煤炭以供人类的需求，这个问题虽难解决，但是从木材生长的速率着想，我们很难抱乐观的态度。然则人类的繁华到了难以得到煤炭的时候，将要渐渐地凋零吗？抑或在煤炭犹未用尽以前人类生活的状态，已经根本地变更了？

侏罗纪与中国地势

侏罗纪是什么时期？它与中国地势有着怎样的关系？中国地势经历了几次大的变革才形成了今日的地势特征？

侏罗纪以后，一直到今天，在中国所生的地层极不完全。就是那**枯烈**时代（一名白垩时代），欧洲的海里造了几千尺厚的石灰岩和白垩。然而中国除四川盆地中多少有点儿淡水停积物以为这个时代之纪念以外，从未闻有何项枯烈纪的层岩。就现在我们的知识判断，中国本部决无那时的海洋停积物可寻。

至若新生世的停积物，在中国已经发现的共有几种。那就是：①含煤层的泥砂岩。辽河流域、朝阳抚顺等处的煤层有大部分属于这个时代。云南、内蒙古等处的也是属于这个时代。②红砂岩。这种砂岩不独**遍布**于长江各省，就是北至甘肃、内蒙古，南至广东，都有它的代表。这里边发现了许多哺乳动物的化石。中国人向来把这些化石当药品用，巧名之曰龙骨、龙齿。据舒罗塞（Schlosser）、寇肯（Koken）诸氏的研究，这些

龙骨、龙齿，大半都是“更新”期的生物遗骸，有时也有“最新”期的生物遗骸。③瀚海层。分布于内蒙古、新疆、甘肃各处。④湖沼停积。戴普拉曾在云南东部，安特生（Andersson）曾在山西南部（垣曲）遇见这种岩层。⑤汶河砾岩。布莱克维尔德曾遇见这种岩石于山东的汶河流域及河北的宁山盆地。⑥黄土。遍布于秦岭以北。除以上所举的几种停积物以外，还有大堆的火山爆发物，张家口外的火山岩流，就是最显著的。

自从侏罗纪末期中国的地盘隆起后，中国已经成了一个大陆国，南北虽都有内海以及湖沼，然而都不甚深。地形平均甚高，所以侵蚀的力量甚烈。久之侏罗纪末期所造的山岳，如秦岭等，渐渐失却了**崎岖**之象，那时中国全国，可算得上是一个高原。一直到初新生的末期，中国还是一个高原，当然高原上有河流湖沼。

到新生世的中期——大约是“次新”的时代，世界又发生了地势大革命。欧洲隆起了阿尔卑斯山脉，其影响及于全欧。亚洲隆起了喜马拉雅，中国的本部，隆起两条山脉，**并驾齐驱**。这两条山脉，就是我们今天所看见的秦岭、南岭。因为这两条山脉隆起，几条大河随着出现。到这时候，黄河、长江、西江的流域已经大概定了，那就是与现在差不多了。此次变动，大概是由南方来的，因为此次所造的山脉，大概都是由西至东。这回革命影响之远大，绝不亚于泥盆纪初的喀道利呢大陆改革、多煤纪中的赫辛尼大陆改造。

此次变动的结果，不仅是地面山川的**改造**，就是内部的地层也生了许多很大的裂缝，并且有许多地盘陷落。于是火山爆发，岩汁迸出。内蒙古南部，展眼数千百里，都是一片**焦灼**之象，辽河以东、东南海岸各处，时时亦有岩汁火灰喷出。不独中国如斯，就是西北欧，由英国西北部一直到冰岛（Iceland），也是火焰不息。地力的运行，可谓极一时之盛。

经这次剧变之后，中国的风景迥不如故。北方除了几个浅湖以外，都是平原或高原；南方**山环水曲**，森林遍地。所以性好原野的动物如马类都栖息于北方；而性好森林的动物，如鹿豕之类，繁殖于南方。据舒罗塞的研究，他们的祖宗也许是由北美来的。

地上的变更，不遑宁息，新造的高山渐被摧残。所生沙土，都转到附近的湖沼或海湾里去。于是红色砂岩生成。到了“更新”期的末期，世界的气候慢慢地变冷。北美、北欧，雨雪较多的地方，成了一个漫天漫地的冰雪世界。中国那时的气候如何，颇难断言。据我去年发现的几件事实推测起来，中国的气候也应是极冷，北部并有冰川流动，但是这个问题究竟如何，还待一番研究。

自从冰期以后，人类渐渐进步，在生物中称雄。因为中国北部的海渐渐枯竭，气候渐渐变干，风吹尘土，转扬几千百里。于是秦岭以北，大部分渐埋没于黄土之下。这种黄土，今天还在转移生长。

新生世中期大革命以后，中国的地势并不**安定**。中部的秦岭，恐怕还是继续地隆起。因为长江在四川盆地的东部向地势较高的地方流动，水只能往低处流，所以能穿过高地者，必是先有河流而后地面上升。河流侵蚀的速率，与地面上升的速率

相等或较大，所以水能流过。其余还有许多同样的证据，表示地壳近世的变迁，现在我们不必一一详论。

总观几万万年的历史，我们现在知道我们中国这一块地皮，并不是生来就是这样的，至少经过几次大变革。我说大变革仿佛给人一个骤起骤落的观念。这个观念是完全错了。我们要知道一两百万年，在地质学家心目中，只当寻常人心目中的一两天或一两月。地质学家的近世至少要与历史学家的“盘古”以前相当。所以就是过去时代有极快的变更，绝不是整个的山海忽然不见了。现在就有许多事实，表示我们现在所居的时代，就是一个地势大变革的时代，即此可想象过去大变革的情形如何。

我的一席话虽然多少有点儿根据，但不过是给大家一个概念。可惜我们所知道的地层学上的事实太少，不能把我们的讨论弄得更有趣味，若是严格地讲起来，我们中国地势的历史还是黑暗的。要把这个过去黑暗的中国弄得大放光明，那得靠我们大家将来的努力。

大地构造与石油沉积

大地的构造是怎样的？石油是如何沉积而成的？它的形成与地质构造有怎样的联系呢？

自从苏联古布金院士把石油地质科学发展成为一个专门科学之后，我们对于石油地质的研究，就高度专业化了。我在这方面很少研究，今天我的发言，只能够从一般地质构造观点提出一些有关问题，希望这些问题的提出，对我们的石油**勘探**远景计划，有些帮助。

大家知道，我对大地构造是有些特殊的看法，因此我要求专家和同志们给我一些耐心。

现在在提具体问题以前，我先提出两点，这两点对我们石油勘探工作的方向，是比较重要的。

第一，是沉积条件；第二，是构造条件。这两点当然不是彼此**孤立**的，而是相互联系的。为了方便起见，我把这两点分开来谈。

大家知道，对于石油生成的沉积条件，最重要的是需要一个比较长的时期，同时不是太深也不是太浅的地槽区域，便于继续进行沉积和便于转变为石油。因为需要不太深也不太浅的条件，所以我们要找大地槽的边缘地带和比较深的大陆盆地。在这些地域的周围，同时还要求比较适当的气候——适当的温度和湿度，以便利有机物的生长。这种气候的存在和动植物的生长，是可以从有机物质在岩层中，如化石的多少，或煤、油页岩的多少等表示出来，就是说从岩层中所含的有机物的多少，可以看出沉积的情况。以上是关于第一点的概略说明。

其次构造条件方面，应该从三方面考虑：即（1）大型构造，如盆地、台地、地槽；（2）中型构造，如断层、节理、片理、小的断层和结构面等；（3）更小的构造，如颗粒的排列方式，孔隙存在的情况，包括用光学和其他适当的方法来检定岩石颗粒排列的方向——这是属于岩组学的领域，从这一方面得出的结果，往往对阐明流质在岩层中运动的方向有很大的帮助。这三方面的研究，是不应该孤立的，而是应该相辅而行的。

地质力学发展的过程和当前的任务

你知道地质力学的发展经历了几个阶段吗？在现代社会中，地质力学的主要任务是什么呢？

今天，我想同第三期地质力学进修班的同志们**漫谈**两个问题：第一个问题是地质力学发展的过程，第二个问题是地质力学当前的任务和它**面临**的问题。

一、地质力学发展的过程

为什么要讲地质力学发展的过程呢？因为一切事物，都有它自己的发展过程。我们不能割断历史来看问题。我们讲地质力学发展的过程，就是为了总结正面的和反面的经验，找出今后工作的方向。

我们所说的地质力学，大致可以说是经过两个阶段发展起来的：

第一个阶段是从 1921 年研究中国北部石炭纪、二叠纪沉积物开始的。中国北部是一个丰富的产煤地区，那些主要的煤层

与石炭纪、二叠纪的地层有密切的联系。这些石炭纪、二叠纪的地层，当时统称为太原系。紧接着它上面的山西系，其中一部分，后来称为“石盒子系”，是与主要的含煤地层有关。太原系，主要是由陆相地层构成的，其中夹有若干薄煤层，还夹有若干海相地层。

关于太原系的时代问题，有过长期**争论**。最初有些人，例如在中国前后搞了三十多年地质工作的德国人李希霍芬（Richthofen）把太原系以下相当厚的石灰岩层，用西北欧典型地区例如英国的标准来硬套，称为煤炭石灰岩，意味着这些石灰岩和英国的石炭纪早期石灰岩相当。现在大家都知道，实际上这些石灰岩是属于奥陶纪的。所以，这些石灰岩以上的太原系，就被认为是石炭纪的沉积物。葛利普（Grabau）起初也认为太原系是石炭纪早期的岩层。

在太原系中，当时发现的化石并不多。后来，在许多地点露出的太原系海相地层中，找到了**丰富**的微体古生物群，特别是蜓科。在其中的陆相地层中，例如在“唐山煤系”中，也找到一些植物化石。因此，关于太原系时代问题的争论，就更加纷乱。有的人认为是属于石炭纪晚期的，有的甚至认为是属于二叠纪早期的，诸如此类。

到1924年，从莫斯科盆地中典型的石炭纪中期地区，取得了大量的䗴科标本和若干腕足类标本。经过详细的比较和**鉴定**，证明了莫斯科系中的海相生物群和太原系下部海相地层中所含的生物群有密切的联系。根据这一发现，我们就把太原系分为上下两段：下一段称为本溪系，划归石炭纪中期；上一段仍然称为太原系。这个发现，对北美石炭纪地层的划分产生了相当重大的影响。因为在那里也和在西北欧一样，很久以来，石炭纪地层的**划分**仅仅分为上下两部分岩层。从此以后，在全世界范围内，至少可以说在北半球范围内，关于石炭纪中期海相地层的存在，逐步发现了更多的证据，也逐步被人们接受了。

在中国南部，古生代晚期地层发育的情况，和北部很不相同。在南部，石炭纪和二叠纪的地层，海相地层占优势。这些海相地层的划分和年代的鉴定，也曾发生过相当激烈的争论。在那些石灰岩中所含的䗴科化石，对解决上述争论，起了很重要的作用。因为我们在中国南部的所谓黄龙灰岩、壶天灰岩等厚度颇大、岩质颇纯的海相地层中，发现了大量的䗴科化石，经过鉴定和比较，确定了这些海相地层和中国北部的本溪系海相陆相交错的地层相当。同时，又在中国南部的所谓栖霞灰岩、船山灰岩、马平灰岩等**厚度**相当大、分布相当广泛的海相地层中，也发现了大量的䗴科化石，这些化石的某些种属，与中国北部狭义的太原系中所含的䗴科化石相同。这就证明了，中国南部这些占主要地位的石炭纪晚期和一部分石炭纪向二叠纪过渡的海相地层，与中国北部以陆相为主夹有若干海相地层的太原系，是同时代的产物。

那么，就产生了这样一个问题：当时海侵海退的现象，为什么有这样的南北差异？这个问题，**牵涉**到大陆局部升降运动和海面全面的升降运动，以及在低纬度和高纬度地区存在着海面差异运动等可能性。问题是复杂的，很难一举得到解决。不过，经过对地球上其他地区的海侵海退现象做初步的比较，特别是对古生代以后大陆上海水进退**规程**的初步探索，就得到了一种假说。这就是：大陆上海水的进退，不完全像有名的奥地利地质学家苏士（E.Suess）所提的那样，即海面的运动，或升或降，是具有全球性的，而是可能还有由赤道向两极又反过来由两极向赤道的方向性的运动。这个假说，又引起了一个问题，为什么海洋会发生这样具有方向性的运动？当时初步设想，这可能是由于地球自转速度在漫长的地质时代中反复发生了时快时慢的变化。这种设想，有没有点儿正确性，当然还存在着很多问题，不过，它对地质力学工作的开端，起了相当重要的**启发**作用。它的作用，在于提出了这样一个问题：即大陆运动，包括区域性的构造运动，是不是也会受到这种地球自转速度变化的影响呢？如果是的，如果构成大陆的岩石受到了长期地应力活动的作用具有一定刚性和塑性的话，那么，当大陆和海洋发生南北向的方向性运动以后，在大陆上，也应该留下相应的痕迹。人们有时说，地质力学不管沉积，这是不符合事实的。

在20世纪20年代，关于大陆运动起源的问题，各个学派、甚至每个放眼世界的地质工作者，都提出了自己的看法。在这里不可能一一介绍，下面只能扼要地谈一下具有代表性的两大派意见：

传统学派，主张地球在它长期存在的过程中，由于逐渐失热或其他原因而**收缩**，以致海洋部分，特别是太平洋部分，显著地发生了沉降；而在大陆部分，总的趋向，也是朝着地心下降，但在局部地区，也可能发生相对的上升下降运动，因之发生了褶皱现象和各种断裂现象。这一派的看法，是以**垂直运动**为主的局部的水平运动，是由于垂直运动而引起的次生运动。

另一学派，是主张以水平运动为主的。他们在认识了均衡现象的基础上，认为主要由硅铝层构成的大陆是浮在由硅镁层构成的基底上面；并且认为大陆能够在它的基底上面和由硅镁层构成的海底上面，发生水平的滑动；还认为大陆的各部分，也能够发生大规模的相对水平位移。

大陆在地球表层中，究竟能不能够像冰山在海洋中那样自由地漂来漂去，是个问题。即使主张大陆是可以漂流的人们，要说到大陆究竟怎样**漂流**，各家各派都有自己的看法。归纳起来，主要可以分为三派：

人们最注意的一派，是以魏格纳（Wegener）的大陆起源说为代表。实际上，在魏格纳以前，早已有人提出大陆漂流说。不过，魏格纳的提法比较全面，也比较系统，并且提出了比较多的证据来支持他的说法。其中显得比较突出的证据是：（1）在某些地质时代，地球表面上古气候带的巨大变化；（2）大西洋东西海岸线形状的相符性；（3）南北美大陆和欧非大陆上，特别是南美大陆和非洲大陆上，某些古生物群的密切联系；（4）南美洲和南非洲某些地层特点的相似性；（5）古生代晚期的南半球大陆，包括印度半岛在内的“冈瓦纳大陆”上冰川

流动的方向，等等，都广泛地引起了人们的注意。

另一派，也和魏格纳大陆漂流说近似，其不同之处在于：约里提出了关于硅铝层岩石放射性作用和大陆表面形状的关系问题。约里**摘取**了构成硅铝层若干类型的岩石，来代表构成硅铝层的岩层，再根据那些有代表性的岩石的放射性矿物的含量，推算了硅铝层中，由于放射物质的自然爆裂，每年所产生的热量。据约里的意见，这个热量，有一部分在地球的表层以下存积起来。经过这样的考虑，他估计每2500万～3000万年内，大陆下部的岩层，例如玄武岩之类，就会被**熔解**。在大陆下部熔解了的状态下，由于月球的影响而产生的潮汐，就起了拖移大陆的作用。于是，大陆就搬家了，向海洋方向搬走。原来大陆的基底，就露出了，并且逐渐冷却了。这样，就形成一次大规模的地壳运动。至此，地壳大运动的一次轮回也就告终，新轮回就从此开始。

还有一派，认为地球内部不断发生对流，轻的物质向上，较重的物质向下，其结果是在某些地带把大陆拖开，使它们分裂，海洋从而侵入。在分裂的那一方面，大陆的海岸留下张裂的痕迹，例如北美海岸以至内陆和西欧海岸以至内陆，就遗留着由于这种拖动而被拉断了的古生代山脉。在另一方面，大陆碰到了海底较重和较硬的硅镁层的**抵抗**，而发生了大规模的挤压现象。由于这种挤压，形成了大型的地槽以及由地槽转变过来的雄伟山脉。南北美洲大陆西岸的科迪勒拉地槽和安第斯、科迪勒拉等巨大山脉，就是这样形成的。这种看法的后一部分——即南北美大陆的东部和欧非大陆分裂，南北美大陆的西部向太平洋方面推挤，和上述两派的看法，基本上是相同的。

各式各样的大陆漂流说曾轰动一时，但在所谓正统学派的顽强抗拒下，逐渐搁浅了。近年来，由于古地磁工作的开展，又有活跃的趋势。

在各个学派**纷争**的影响下，1926年，《地球表面形象变迁的主因》一文就被发表出来了。这篇文章在批判了一些传统学派的同时，根据大陆大规模运动的方向，推论了那些运动起源于地球自转速度的变化，提出了“大陆车阀”自动控制地球自转速度的作用。这一套理论，不是没有一点儿实践的基础，但是，这样的立论大体上说，也和其他各派的学说一样，在方法论上存在着很大的缺点。主要的缺点在于：用的资料不够广泛、不够细致、不够落实，而是片面地抓住一些事实或者若干现象，参考一些第二手资料，就**急急忙忙**地提出大的理论来。实际上，这些所谓的理论是很低级的，也是很粗糙的。它们所依靠的证据，往往可以这样解释，也可以那样解释，不够严格，也不够严密。这是一个很深刻的教训，同时也积累了一些粗略而不是没有益的经验，特别是让我们对大块大陆运动的方向性有所认识。这是地质力学发展过程中的第一个阶段。

地质力学发展过程的第二阶段，不是从结束了第一阶段才开始的，而是在第一阶段的后期，已经开始了一些零星的工作。那些工作，主要是针对着区域性构造现象之间的相互关系。必须说明，这里所说的构造现象，是指大型、小型、单式、复式的褶皱和各种断裂而言。这些形变现象，是当地地壳运动的陈迹，是**实实在在**的东西。所以，要了解当地所经过的

地壳运动的程式，就必须对它们各自的本质、形成的过程和它们彼此之间可能存在的联系有所认识。这样来看问题，就和在第一阶段中只注重大块大陆的运动有所不同了。

对构造现象本质的探索，是从认识一些个别的和特殊的现象开始的。起初，见到乌拉尔那样褶皱强烈的山脉，在东西两面的广大平原之间突起，好像一条长蛇，南北蜿蜒，这不能不说是欧亚大陆中一个突出的奇异现象。为什么有这样一条山脉？光说它是由一个南北向地槽在回返阶段中转变而成的，这只是把问题向后推了一步，并不能满意地回答为什么在欧亚大陆之间，曾经存在着那样一个地槽。大家知道，乌拉尔主要是在古生代晚期经过一次巨大的构造运动而形成的一条山脉，很难设想它是孤立的。实际上，在它的东西两面的广大平原——所谓俄罗斯地台和西伯利亚地台以南，还存在着相当复杂的一套弧形山脉：西边从高加索以西，东边到阿尔泰山系，都是属于被这套弧形山脉所穿插的地带。当时知道，在这些弧形山脉之中，有些是大致和乌拉尔同时产生的。虽然它们之间的距离相隔很远，走向也不同，但它们之间是不是有生成的联系呢？这个具体问题的提出，实际上是认识山字型构造的开端，也是认识构造体系的萌芽。光靠当时所掌握的事实，当然还不能做出任何结论。这里谈这些经过，主要的目的，不在于这个设想正确不正确，而是想揭露当时如何冒着很大的危险，打开一条思路，到实践中去认真地检验这种构造形式或构造体系的概念究竟行不行得通。

1928 年前后，在南京、镇江一带，初次发现了宁镇山脉这个大致东西向的弧形构造。它的弧顶位于镇江一带，向北凸出。在它的南面——相当辽阔的平原中，出现一条茅山山脉。这条山脉的伸展方向，是大致南北的，它和宁镇山脉一起形成了一个构造体系。这个构造体系的特点，基本上和乌拉尔山脉及其以南的复杂的弧形山系所形成的构造体系相符合，不过具体而微，方位相反罢了。到这时候，对山字型构造体系的认识，就进了一步，但还不够落实，还需要扩大范围，在野外进行大量的观测工作，看看是否在我国境内还存在这种类型的构造体系。当时为了方便工作，暂把这个构造体系的南北向的组成部分，称为山字型构造的脊柱，它前面的弧形构造带，称为前弧。

宁镇山脉——茅山这个山字型构造和横跨欧亚大陆的那个山字型构造，不仅是规模相差很大，前弧凸出的方向相反，而且还有许多不同点。这里就引起了一个问题：宁镇山脉——茅山山字型构造究竟是自成一个独特体系，还是另一个构造体系的组成部分？只有通过更广泛的实践，才能解决这个问题。

同年，在广西台地（那时不叫地台）东南西三面也发现了由复式褶皱构成的弧形山脉体系。它的弧顶位于宾阳县城东南，东翼以镇龙山——瑶山大背斜为主体，经贵县、武宣、象县与修仁等县，再走荔浦、灌阳，抵达零陵与道县之间的紫荆山地块；西翼以大明山背斜为主体，经上林、隆山、都安等县，继之循都阳山背斜，往西北进入贵州境内。当时设想，这可能是一个山字型构造的前弧。当年参加工作的同事们，满以为在柳州附近应该能见到它的南北向脊柱，但是，事实不是这

样。经过半年以后，这些同事们在广西北部工作，才发现了古老变质岩层构成南北延长的强烈褶带，确定了构成广西山字型体系的**脊柱**。

此外，还发现了淮阳山脉也是一个弧形构造。它的弧顶位于湖北黄梅、广济之间。它的北面就是一般称为淮阳地盾的地区。地盾的概念，阻挡了淮阳弧可能是一个山字型构造前弧的设想，也**阻挡**了我们认识宁镇山脉和淮阳弧的联系。在此，从地盾、地台等观点来分析地质构造，和从构造体系观点来分析地质构造，就发生了严重的分歧。淮阳山字型构造问题，直到新中国成立以后，才算得到了解决。

在20世纪20年代的末期，除肯定了几个山字型构造的存在以外，还发现了其他一些不同类型的构造体系。对这些不同类型构造体系的认识、模拟试验，起了一定的作用。就当时所认识的构造类型和它们分布的范围、规律以及它们在地壳运动问题上的含义，在1929年做了一次总结。这个总结，**概括**了不同类型构造的特殊本质，明确了构造体系的概念，测定了和每一类型构造体系有关地区的构造运动的方向和方式，推断了大陆和海洋运动的主因。这样，就为地质力学初步打下了基础。

20世纪30年代到40年代初期，是地质力学在上述基础上有所进展的时期。也是以构造体系这个概念为指导，继续向着尚未研究过的或者尚未深入地研究过的各种具体的构造类型进行研究，找出它们各自独特的本质，修改、补充和丰富构造体系这个概念的时期。在这个时期，地质力学才开始走上了自己的道路。在地质学的领域中，逐步扩大了自己活动的范围，在越来越多的地区，发现了许多构造体系的定型性、定位性、定时性和在同一地区它们之间**互相交错**、部分重叠的关系，亦即复合的关系。

在企图进一步摸清那些构造体系特点的过程中，发现了东西构造带明显地与其他构造体系有所不同。因为它们的规模是宏伟的，结构是复杂的，并且看来它们都反复经历过强烈的构造运动，影响地壳的深部。关于其他一些构造体系，在我国境内，当时显得最突出的，有华夏系和新华夏系构造。前者走向东北——西南，后者走向北北东——南南西，包括大幅度的挠曲和小型雁行**排列**的多字型褶皱或断裂。此外，还有规模不等的山字型构造，它们的特点在于前弧一般向南凸出。这些不同类型的构造体系，往往显示它们对矿产分布的控制作用。例如在

东西带中，有时出现某些重型矿体；在新华夏系的拗褶地带，具有沉积某种矿产资源的条件；某些煤田分布的范围也往往受山字型构造的控制。

到了这个阶段，地质力学已经不能停留在光是描述构造体系的特点上了，上述的那些构造类型都要求它对它们的起源提出合理的解释。例如多字型构造显然**反映**力偶的作用；山字型构造通过模拟实验和初步理论的分析，它的特征可以和平板梁在水平面上受到弯曲而发生的形变相比拟，诸如此类。其他类型的构造型式也都要求说明，在有关的地块中，地应力活动的方式。这就提出了一系列有关岩石力学性质的问题。根据野外的观测，岩层和岩块在受到地应力的作用下，有时表现弹性的反应，有时也表现程度不等的塑性反应。究竟是什么条件决定了同样的岩体显示这种不同的反应呢？在这里，地质力学就不得不进入弹性和非弹性力学的领域。这样，又进一步引起了一系列复杂的**理论**问题。要解决这些问题，很明显，需要从事实验工作，也需要把从实验中所获得的**资料**和实际的构造现象结合起来，从事岩石在自然界的力学性质和应力场的分析。

明确了上述地质力学工作的方向以后，在 20 世纪 40 年代的初期，地质力学这个名称才被正式提出来了。

1956 年在地质部成立了地质力学研究室，1960 年又改名为地质力学研究所。从此，地质力学的研究工作引起了广大地质工作者的注意，并且获得了迅速的发展。特别是近几年来，地质力学研究工作在同生产实践相结合、为生产服务的过程中，不但解决了不少生产实际问题，为社会主义建设做出了一些贡献，同时，在实践的过程中，又获得了大量的资料，证明了初步建立起来的构造体系这个地质力学的基本概念是完全正确的，并且进一步把构造体系这个概念落实到三大构造类型——即东西向构造带、南北向构造带和各种扭动构造型式，以及每一类型共同的构造形态特征和它们独特的构造型式。现在看来，地质力学的领域是辽阔的，土地是**肥沃**的，大有开发的远景。

二、地质力学当前的任务和它面临的问题

从上面所谈的经过来看，地质力学可以说是在我国土地上生长起来的一门科学。在国外也有一些和它近似的学科名称，例如构造物理学、土力学、岩石力学、地力学（也可以译为地质力学）等，可是我们的地质力学和它们根本有所不同。我们应该树立雄心壮志，**刻苦钻研**，在我们的地质事业中，在地质科学中，让它不断地做出自己的贡献。

地质力学当前的任务是艰巨的，牵涉的问题是复杂的。这些问题，有的在它现今的水平上，只要我们推广运用，就可以解决；有的还需要经过长期的钻研探索，才有希望得到解决。总结起来，可以归纳为三条：

（一）加强构造体系的调查研究，为指导找矿和解决某些水文工程地质问题提供依据。

构造体系这个概念是怎样得来的呢？从上面所谈的经过看来，它不是凭空设想得来的，而是总结各种构造类型，特别是**扭动**构造型式的规律性和普遍性而产生的。构造体系是个抽象的概念，这一种或那一种类型的构造体系和一个一个具有

独特形态的构造型式，才是具体的东西。没有那些客观存在的东西，构造体系的概念是无根据的、是主观臆造的、是不能成立的。

对一个构造类型的认识，总要有一段实践的过程，就是说，要依靠不断总结广泛而又细致的野外工作。认识总是有个程度问题，正确的认识往往不是一举成功的。不但一个新型构造类型的发现，往往免不掉要走些弯路，连确定了属于一个既知型式的构造类型，有时也要通过反复实践，才能确确实实地认清它的主要特点，即使认清了它的主要特点，那也不等于说彻底地认识了它，完完全全掌握了它的一切特点。

各种类型构造体系的规律性，往往为我们的野外工作提供很大的方便。最大的方便是你如若见到了一个属于某一类型构造体系的某一部分的特点，你就可以预见在某些地区或地带会有一定形式的构造现象——有时称为构造形迹出现。这种预见性，不但对我们的野外工作起到指导作用，同时对验证那种构造类型的存在，也具有重要的意义。预见不是百发百中的。经验告诉我们，有时我们根据一个构造体系某一部分的构造特征，就预言在某些地区会有某些构造现象出现，等到了那些指定的地区去寻找那些预见的构造现象，它们却不见了，或者根本就不存在。在这种情况下，我们不用怪预见不灵、规律不对，而要怪我们过早地根据某些局部构造现象，对全部构造体系做了结论，这是失败的教训。通过这样的教训，我们更能够了解为什么要通过实践、认识、再实践的过程，才能达到比较正确的认识，才能最后鉴定某一个构造体系的类型。

是不是根据局部构造现象所做出的关于构造体系的错误判断，全是徒劳无益的呢？不是的。它是第一阶段认识过程的初步总结，它不一定正确，但它可能指引我们朝着认识一个新型构造体系的方向前进。通过实践，我们的眼界扩大了，我们的经验也丰富了，我们才无须为此而感到悲观失望。

一个构造体系的建立，不能**草率**行事。根据几群构造单元组合体的共同特点和它们的排列方位等，可以试图建立一个独特的构造体系，但这只能作为认识一个独特的构造体系的第一阶段。在这第一阶段认识的基础上，还需要通过更广泛的实践，才能把一个构造体系确定下来。举个例子：在西北地区存在一些多字型构造，它们曾经被总称为河西系，多少与中国东部普遍发育的新华夏系成对称的形势。这个河西系，究竟能不能成立，还需要做大量的工作。

鉴定一个新型的构造类型，要求就更加严格了。几十年来，特别是新中国成立以来，由于地质工作者的共同努力，我们累积了一些经验，基本上肯定了若干重要类型构造体系的普遍存在。但是对它们的认识，并非处处达到了严格的要求。还需要对各个类型的组成成分和组合形式等特点，做更**详尽**的调查研究。如扭性断裂和张性断裂，在野外怎样有把握地区别开，还需要找出可靠的标准；还需要解决在同一地区发育的每一对扭性断裂的**配套**和转弯问题；还需要在全国范围内，乃至全球范围内，明确那些既知类型的构造体系，在不同地区和不同地质时代的分布情况以及它们之间的复合关系；还需要注意寻找新的、独特的构造类型，诸如此类问题还多，即使在现在

的水平上，还需要做大量的工作。

为什么要这样严格、这样广泛、这样深入地去追求构造类型的特点、发生和发育的时代以及它们之间的复合关系呢？有两条主要的理由：1. 它们最确实可靠地反映地壳运动的规程；2. 它们在许多场合指明找矿和解决某些重大水文工程地质问题的方向。例如在一个构造体系中，断裂系统的分布规律和它们各个组成成分的封闭性或张裂性，对解决矿体**勘探**设计、煤矿坑道设计、储油构造的详查和开发，以及其他与水文工程有关的地质问题，往往具有决定性的意义。第一条在另外一些地方谈过一些，以后如有机会再谈。第二条是联系生产实践的问题。人们不禁要问，地质力学对解决生产问题，究竟有什么用处？我想，最好是让实际工作来回答这个问题。江西 908 队在这一方面的工作做得很出色。近两年来，他们运用了构造体系分析的方法，结合实际情况，终于发现了一条比较合适的道路，找到了许多矿点，并且在某些点找到盲矿体，探明了可观的储量。贵州某处，在新华夏系构造带中，S 型和帚状断裂转弯处，发现了十多条**富集**的汞矿带。吉林某地找金矿未能完成年度任务，后来据说“运用了地质力学方法”，仅在一处，就找到了纯黄金十余吨。青海共和县东南龙羊峡地区的构造型式分析，对建设一个大型水库，提供了基建设计必需的资料。广东新丰江地震问题，几年来，把摸清当地断裂系统的工作和微量位移以及地应力测量和地震仪观测工作结合起来，探寻当地地震的起因和规律方面，发现了一些苗头。现在我们在这点儿经验的基础上，向内地又投入了大批力量，开展了地震地质工作，为内地基建工作开辟道路。所有这些艰难的工作，都有我们进修班的同志参加，他们和其他同志一道，为完成国家给予的生产任务，贡献出自己的力量，并且还在继续做出贡献，这是使我们感到十分兴奋的。

（二）结合有关专业，多方面进行探索，扩大和巩固地质力学的基础。

上面提出的任务主要涉及野外工作。我们要从实际出发，这是对的。野外是个汪洋大海，野外层出不穷的现象，归根到底，是我们向大自然作斗争的对象，那里充满着我们认识自然的源泉。可是，从我们的工作方法来看，野外观测毕竟只是工作方法的一个重要方面，我们还需要使用各种手段，运用近代科学技术中可以使用的各种方法，来解决实际问题和理论问题。

“应力矿物”的研究，是一种与地质力学有关的专业。这一方面的研究，与变质岩带的研究很接近，但研究的方法和目的不完全相同。如何把应力矿物的研究和结构面性质的鉴定工作联系起来；是不是有些变质岩带或构造岩带也形成定型的构造型式，值得做进一步的探索。

“绝对”年龄鉴定，作为一个专业，已经广泛地被承认了。在地质力学工作中，为什么也要搞“绝对”年龄鉴定，却不是尽人皆知的。我们搞“绝对”年龄鉴定的主要目的，在于确定一个构造体系组成部分之间的生成联系。在某些地区，一个构造体系的许多组成部分，往往穿插到时代大不相同的岩层、岩体中。在那种情况下，你怎么知道它们属于同一体系？例如对于一个山字型构造的前弧和脊柱的认识，经常遭遇着这

种困难。如若用来做年龄鉴定的矿物标本，选择得当，问题是不难解决的。

岩组分析，对于岩块内部某些矿物组合条理的辨识，是长久以来行之有效的方法。那种条理，除了由沉积和热影响所产生的以外，都是过去应力活动在岩石中留下来的陈迹。这正是地质力学所追求的东西。如何在适当的地点，适当地选择标本，来帮助构造体系的分析，还需要下一番功夫。

模拟实验，虽然不能称为一种专业，但从事这种实验，需要一定的经验，在技术和艺术方面，也有一定的要求。有些人过于轻视它，甚至**菲薄**它，也有些人过于倚重它，这两种态度都不切合实际。当然，很容易理解，从**模拟实验**中所得到的东西，例如一种构造型式，和自然界的东西不是等同的。可是，经验告诉我们，从一块泥巴、一块柏油或者甚至浓度很大的乳胶等物质，经受了一定的应力作用而产生的形变，或者从一块塑料在应力作用下，它的光弹性所反映的变化，在我们认识许多构造型式或构造运动的过程中，确实起了相当重要的启发和**辅助**作用。在这里需要强调一下，我们从来不把构造型式的鉴定，落实在模型上，而是要求落实在岩块或地块中出现的构造体系上。如若把模拟实验和应力场的分析工作结合起来，就更有意义了。

岩石试验，是了解岩石的力学性质，并且取得数据的手段。目前，我们还无法对广大的地区用各种方式加力，像模拟实验那样，来进行综合性的实验。但是，我们可以用人为的方法，模拟岩石在自然界中存在的条件，对岩石试件加力，来检验它在结构上发生的变化。这种选择适当的岩石试件在不同温度、不同围压的条件下从事实验的工作，已经行之已久，而且就若干类型的岩石试件，取得了一些数据，例如有关它们**屈服**强度、破坏强度、弹性形变的限度、非弹性形变的程度、应力作用对它的电阻和传播速率的变化、浸透在岩石试件中的各种液质（如水或原油）对它的强度的影响、传热率和温差梯度在应力作用下的改变等，在不同程度上，反映了岩石的力学性质。但是，必须指出，试件毕竟是试件，试件对应力的反应，与自然界存在的岩石对应力的反应，不一定是等同的。怎样把实验室中从试件得到的数据，搬到自然界中去应用，是个相当复杂的问题。这个问题，直到现在，还没有完全解决。

岩层中的流变现象，很明显，是岩石在地应力场中非弹性的表现。一般地质工作者，对这种现象的认识，没有问题，或者很少有问题。问题在于在什么条件下，自然界的岩石发生了流变。很容易理解，高温和高压是促使岩石发生流变的重要因素。但在某种情况下，如在小型冰川的底下，温度肯定不高，压力也很可能不超过某些**砾石**的屈服强度，可是那里的岩石，也往往呈现流变的现象。这就迫使我们考虑到，应力，哪怕微弱的应力，在它对岩石长期作用的过程中，时间可能是导致流变发生的主要因素。这是一种揣测，也有人做了一些蠕变的实验，证明了在一定的范围以内，各种材料，包括岩石，蠕变是**千真万确**的事实，不过各种物质的蠕变限度不等，就岩石来说，初期的蠕变——有人称为一时的蠕变——是比较显著的，它有一定的限度，至于长期的蠕变，无限度的蠕变，究竟怎样？

我们现在还没有掌握实验的资料，这一方面的实验工作，还有待发展，困难有待**克服**。

古地磁的工作，在国外，绝大部分是利用某一地质时代的岩层或岩体的磁性南北向与现今当地地理上南北向的差异，来推断大陆作为一个整块转移的方向；有时也利用岩层中古地磁方向的转变，来验证有关岩层的对比。这些方法是可以使用的。但是，既然认定整块大陆的转动和移动可以由岩石磁性反映出来，那么，又怎么可以忽视，在一个地区、在扭动构造体系发生以前，各个岩带的地磁方位，在扭动以后会发生转变的可能呢？正是这种可能性，是地质力学需要寻找的标志。地磁的变化，是极为复杂的现象，片面地利用某种关系，就对大陆块或其中一部分的运动做出结论，是不保险的。

大陆运动和海洋运动，是应该在地壳运动问题中**相提并论**的两个方面，也是不可分割的两个方面。但是，这两个方面的问题，从现象论来说，是各不相同的。因此，首先需要采取不同的方法来分别处理，然后再把分别处理的结果联系起来，找出这两种运动在实质上的统一性。

对处理海洋运动问题来说，我们可以采取两种不同的方法：一种方法是对海底的地貌进行考察。例如在广阔的太平洋中，已经发现了许多被割切而形成的平顶火山锥，名叫盖约特（guyot），它们的平顶今天沉没在海面以下 700–2000 多米不等。在太平洋的沿岸，尤其是在太平洋西岸一带，也就是亚洲大陆东部边缘的海中，曾经发现了许多古河床，它们今天**沉没**在海面以下 540–720 米、1300–1500 米、2000 米以上的不同深度。另一种方法是对大陆上各个地质时代海侵海退的范围和规程进行调查研究。这种调查研究工作，主要要依靠古生物学方面提供化石分带的资料。化石分带的问题，也就是地层分带的问题。根据过去的经验，这方面的问题是比较容易引起争论而不容易得到大家一致的结论的。

但是，在我们的国家，有条件进行这方面的工作，并很有可能得出**不可动摇**的结论。例如在华南地区，古生代晚期，有过相当广泛的海水进退运动，同时也有过强烈的构造运动。我们需要特别注意一场强烈地壳运动前后所产生的海相地层，并进行**详尽**的分带工作，才能证实当时的海侵海退现象究竟是否和地球上其他低纬度地区海侵海退的现象相符合，是否显示一定的规律性。看来华南石炭纪和二叠纪地层，对于开展这一方面的工作来说，是可以考虑的对象。

关于大陆运动是否具有相应的规律性的问题，我们可以从构造体系排列的方位出发，再根据岩石力学性质、构造应力场的分析以及构造位移的测定，我们就能够比较正确地得出关于大陆上区域性运动乃至大陆整块运动的主要规律。根据已经获得的事实，这条规律是：大陆整块的运动和区域性或局部性的构造运动，一般都具有向西和向赤道方面推动的方向性，各种型式的扭动构造体系，也可以**归纳**到这两个方向的运动，它们是在不同的地区、不同的环境下所产生的变种。

如果通过更广泛的实践，进一步加深了我们对于东西向（纬向）构造带、南北向（经向）构造带和各种扭动构造型式等三大类型构造体系的方向性的认识，你就很难否定，大陆运

动和区域性的构造运动与地球自转轴在方位上的联系。这种联系不是偶然的，而是必然的。推动这些运动的主力是从哪里来的？对这个问题，还存在着意见的分歧。地质力学认为，巨大的而又集中的和一些**分散**的纬向、经向构造带以及大批山字型构造，都明确地显示，产生这些构造体系的动力，起源于地球自转速度的变化。关于这一点，以前已经反复有所**论述**，在此无须多谈。

海洋运动，对地球自转速度的变化，无疑更为敏感。在地球自转速度加快时，全球的海面应该相应变得更扁。就是说，两极方面，海面下降；低纬度方面，海面上升。这种海面分异运动，可能持续到大陆运动和区域性构造运动将要达到高峰的阶段。到大陆运动和区域性构造运动达到了高峰的时候和在此以后，由于大陆整块**滑动**而发生了“刹车”的作用，以致一部分能量消失，它的角速度就不能不变小。因此，全球海面的扁度，也就不能不相应地变小。就是说，这时候两极方面的海面相对上升；低纬度方面，海面相应下降。当然，由于大陆上区域性的升降运动而产生的局部海侵海退现象，不在此例。这种海洋运动与大陆运动和构造运动的关系，应该对上述构造运动起源论，提出有效的验证。

为什么地球自转速度会发生变化？在这个问题上，人们的意见分歧就更多也更大了。但是，地球自转速度可能发生变化这一点，各学派都很难否认。

大家知道，地球是个尚待开发的巨大热库，它的表层地温梯度平均每百米3℃上下，实际上，有些地方比这个数字大得多，有些地方比较小。是什么原因使局部地温发生异常呢？在此简单地谈一下。局部岩体的传热系数、局部构造的特征、局部地应力的活动、局部岩层中所含的可燃性物质的影响、深部温度较高的水和气局部上升，对周围岩石的影响，等等，都值得根据实际情况，进行探索，有可能在生产实践方面加以利用。因此，我们地质力学工作者，不应该忽视局部地热异常的问题。

不管局部地热异常的原因是什么，总体来看，谁都不能否认，越到地球深部温度就越高。存在于太空中的这样一个热体，就不可避免地要失掉它的热能。但是，我们知道，地球表层岩石中含有大量放射性元素，在硅铝层中，钾、钍、铀之类，尤其**普遍**。因此，有些人认为，地球的体温不是在下降，而是在上升；它的体积不是在缩小，而是在胀大。这种看法，和地球自转速度变化的推论有很重要的关系。由于我们对地球中所含放射性物质的总量，甚至连对它们在地壳表层分布规律的无知，所以光从放射性物质发热的论点，我们很难断定地球究竟是在长期收缩的过程中，一次又一次经过**膨胀**的阶段，还是一直不断地在收缩呢？或者相反。

如若你根据上述传统的看法，主张地球冷缩说，那么，它的体积缩小，质量必然更集中，惯性动量必然减少，自转速度就必然加快；如若你主张海洋部分**陷落**，也会发生同样的后果；如若你主张地球内部物质不断发生分异运动，也会发生同样的后果；如若你相信地球内部发生对流，那么，当轻重不等的物质自下而上和自上而下对流的时候，它的惯性动量也不可

避免地要发生变化，因而它的自转速度，也不能不发生变化；即使你主张地球膨胀说，那么，胀大了的地球惯性动量不能不加大，它的自转速度就不能不变小。这是考虑地球内部可能发生的变动对它自转速度的影响。

还有，作为一个行星的地球，它的运动也显然不能脱离外界的影响。对它影响最显著的是离它最近的月球。大家知道，通过**潮汐**作用，月球只能使地球的自转速度变慢，而不能使它变快。虽然这种使自转变慢的影响不大，但如若在地球长期存在的过程中，它继续不断地变慢，没有其他因素使它变快，它是不是会接近于停止自转？至少，在地质时代，从它的表面构造形态的变化规律、动植物群的生活状态以及冰期反复出现等事实，还找不着它的自转速度一直变慢的征象。

斯托瓦斯所**搜集**的大量资料表明，第四纪以来，除了个别地区以外，极圈的海面下降，近赤道地区海面上升。这样广泛的海洋分异运动，不像是由于局部地区升降而产生的结果，而是反映了我们现在正处在地球自转速度变快的时期。月球现在正在缓慢地离开地球，这也显示地球自转速度在加快。有人认为月球是从太平洋方面飞出去的，甚至说是白垩纪时代飞出去的。这种说法，未免走到**极端**，看来是不符合事实的。有史以来，地球各处陆续发生了极为强烈的地震，也说明许多构造体系，还继续处在活动的状态，因此，地应力测量和有关地震地质的工作，具有特别重要的意义。

（三）广大的野外地质工作者就地检验地质力学的某些概念和工作方法，并加以改进。

地质力学是一门边缘科学，它的一条腿站在地质学方面，另一条腿站在力学方面。反映地壳运动的一切现象，是它考察和研究的对象。由于地壳运动而产生的一切现象，包括构造体系的规律、海洋运动的陈迹等，是实际的东西，从地质力学整体来看，关于这些东西的知识，是它主要的内容。按照认识运动的过程来看，我们必须把那些对于客观存在的感性知识，在主观方面加工，**精炼**出理性的知识。这就需要力学出来帮助，否则地质力学只能停留在描述现象的阶段，而很难揭穿那些现象发生的内在因素。这两条腿在地质力学的领域中各自所占的范围虽然有大有小，但它们之间的联系是密切的。大家知道，理论是实践的总结，它又转过来指导实践。我们用力学方法来搞点儿理论，不是为了别的，而是为了更深入地、更精确地认识地壳运动现象，更准确地掌握它的规律。那种为理论而搞理论的做法是空洞的、**无所归宿**的，即使你竭尽思虑去搞，终究也是行不通的，要是结合实际去搞，那就**大有可为**了。

新中国成立以来，我国地质事业的发展，一日千里。地质力学这个学科也相应地得到了迅速的发展。但是，我们工作的进展还远远地落后于需要。为什么进展这样慢呢？有几条很明显的理由：第一，在我们这个号称地质力学研究所的机构里，工作做得不够，还不能够真正起到样板的作用；第二，地质力学可以说是一门土生的科学。过去，人们对土东西总有点儿不大瞧得起，搞土东西的人们，也不是经常能够充分发扬自力更生的精神；第三，由于面临着上面所说的情形，我们往往倾向于关起门来自己搞工作，即使有点儿心得也不大愿意向别人介

绍。就是说，我们工作中有**脱离**群众的倾向；第四，有些搞地质力学工作的同志们，对于自己的工作在生产实践方面可能发挥的作用估计不足，尤其是没有尽最大的努力，主动地同有关的生产单位密切结合起来，有效地解决生产实际问题；第五，有些同志错误地认为自己的数理基础比较差，缺乏搞地质力学的基础，即使去硬搞，也不会有什么前途，不如不搞。

上述的一些问题，有的不存在，有的正处在逐步克服的过程中。今后，你们和其他各方面从事地质力学的同志们，一定会把地质力学更广泛地带到群众中去，更深入地带到实践中去，更密切地和生产联系起来，更好地为生产服务。当你们回到自己原来的工作岗位的时候，应当**依靠**组织，是否可以划出一部分业务学习的时间来，邀集一部分同业的同志，在自愿的基础上，组成地质力学研究小组，结合本单位生产实践的经验或教学的经验，对地质力学的一些基本概念和工作方法，加以讨论、检验和改进。让广大的地质工作者和即将参加地质工作的青年同志们，对地质力学中若干基本概念和行之有效的部分有所了解、有所认识。当我们向广大的地质工作者介绍我们自己的经验或自由探讨问题的时候，我们必须不骄不馁。这里是两条原则：一条是群众的实际上的需要，而不是我们脑子里头**幻想**出来的需要；一条是群众的自愿，由群众自己下决心，而不是由我们代替群众下决心。

启蒙时代的地质论战

地球是宇宙中一颗渺小的星体，是太阳系行星家族中一个壮年的成员，有丰富的多种物质。关于地质，人们有哪些争论呢？他们各自的观点有没有根据呢？

地球是宇宙中一颗**渺小**的星体，是太阳系行星家族中一个壮年的成员，有丰富的多种物质，构成它外层的气、水、石三圈，对生命滋生和生物发展，具有其他行星所不及的特殊的优越条件。

人类生活在地球上，在地球上从事生产劳动，要了解它的历史和现状，这是很自然的，也是有必要的。“地球上”这个词，从范围看，应该包括陆地、海洋和地球表面以下一定的深度，还有在我们地球表面以上的大气层。这层大气，也是地球上部的组成部分，大气的底部，与人类的生活息息相关、不能分离，与地球表面所发生的变化，在很大范围内有密切的联系。人类在改造自然、**改进**生活的斗争中，一直在和地球的表

层打交道。看来，有一种趋势，今后还要以更大的努力与大气层和地球深部不断地作斗争。关于大气层中各种问题的探索和解决，主要由气象工作者和天文工作者分别担任；地球表层和深部的探索工作，无疑属于地质工作的范围。

人类通过在地球上从事生产劳动，逐步对地球有所认识，那些认识，最初总是感性的。为了突破“必然王国”的束缚，进入“自由王国”，就首先需要掌握在上述范围内自然界不断发展的规律，才好总结自己的经验，从而把认识自然的水平提高。

地质科学大体上是在这种要求的基础上发展起来的。历史的记载告诉我们，自古以来，就有些人注意到构成地球表面那些有形的东西，不是永远“安如泰山”“坚如磐石”，而是在不断发生变化。这在中国恐怕传说最早，如中国《麻姑神仙传》中就提出过“沧海变为桑田”。在希腊，公元前500年，哲罗芬就注意到现今海水里的螺蚌等类，在莫尔他岛上夹在远远高出海面的崖石中。其他，如宋代（11–12世纪）的沈括、朱熹，意大利的达·芬奇（15–16世纪）对海陆的变化，都提出了更具体的地质现象做证。所有这些，都是一些粗略的概念，而没有成为地质科学开始发展的基础。

近代地质学，可以说是从西北欧那个小天地之中开始发展起来的。当地当时极顽固的宗教势力，对自然科学，首先是地质科学，跟着就是生物进化论，是不共戴天的。当时的宗教尽管经过了一度改革，那些宗教权威还是死死抱着一种传统的迷信来迷惑广大的人民群众，在意识形态上、在政治上巩固他们的统治地位。他们说，世界是公元前4004年，上帝用了6天的工夫一手创造出来的。而地质学家和古生物学家，发现了愈来愈多的事实，与上述宗教的迷信是**格格不入**的。不仅格格不入，而且科学家的观点是为宗教所不允许的。这样，就产生了科学——首先是地质学——与宗教的一场你死我活的斗争。由于宗教势力在西方有悠久的**根深蒂固**的传统，到了今天20世纪将要结束的时候，在西方，宗教势力的影响并没有肃清。

当地质学开始发展的时候，对地质现象进行探索的主要任务，都是立足在他们所见到的事实上而从事劳动，他们的大方向基本上是一致的。虽然，教会把他们这些人都看作是“异端”，把他们的话都当作“邪说”，而他们彼此之间，却因为观点不同，对同样的现象认识不一致，这就形成了“水成论”和“火成论”两大学派。

一、火成学派和水成学派的斗争

以德国人维尔纳（A.G.Werner）为首的水成学派认为，地球生成的初期，其表面全部为“原始海洋”所**淹盖**。溶解在这个原始海洋中的矿物质逐渐沉淀，从这些溶解物中，最先分离出来的东西是一层很厚的花岗岩，它铺在表面起伏不平的地球“核心”部分上面，随后又沉积了一层一层的结晶岩石。维尔纳把这些结晶岩层和其下的花岗岩，称为“原始岩层”。他认为“原始岩层”是地球上最老的岩石。他又认为，由于后来海水一次又一次下降露出水面的、由原始岩石所形成的山头，经过侵蚀又形成了沉积岩层，他把这些沉积岩层称为“过渡层”。他认为，“过渡层”以上含有化石的地层，都是由“原始岩层”变相而产生的东西。他坚持其中所夹的玄武岩，是沉积物经过

地下煤层发火而烧成的灰烬，不是岩流。

1787 年冰岛（大西洋北部）炽热的玄武岩大量爆发，铺满大片地区，当时在西北欧，人们认为是轰动世界的大事。在这次大爆裂发生 20 多年以前，得马列已经在法国中部一个采石场里，发现了黑色的典型玄武岩，他跟着这个玄武岩体一步步地**追索**，直到达到一个火山口。这一发现完全证明了玄武岩就是火山爆发出来的岩流。这个事实，给了水成论以严重的打击。得马列经常不愿意和反对者争论，只是说：“你去看看吧。”然而，水成论者还是**围绕**着维尔纳，坚持他们的论点，始终认为玄武岩不是熔岩凝结而形成的，而是采用了其他不大合理的解释。

维尔纳是当时最有威望的矿物学家。他亲身**采集**的矿物种类很多，鉴定分类工作也是丝毫不苟。他对他的学生也是非常认真、非常严格，可是他的性格是异常顽固的。他住在德国的萨克索尼地区，在一个小矿业学院里从事教学工作。他家里贫寒，没有资金到远处去看看，所以他所见到的地质现象仅限于萨克索尼地区的地质现象，对地质现象的解释，当然也受到了萨克索尼那个地区的限制。就萨克索尼地区来说，他的论点，大致也可以过得去。

以英国人哈屯为首的火成学派认为，由多

种矿物结晶、包括石英所组成的花岗岩，不可能是矿物质在水溶液中结晶出来的产物，而是高温度的熔化物经过冷却而形成的结晶岩体。由于花岗岩在地球表面的岩石层中占基础的地位，所以花岗岩的生成问题就和地球上岩石的生成问题——也就是地球发展历史的问题，在很大的程度上是分不开的。火成论者进一步从这种花岗岩母体的边沿部分，找到了许多由它分出的结晶花岗岩脉插入周围的岩石之中，认为石英这一类矿物绝不可能溶在水中，怎么可能从水溶液中结晶出来呢？他们更进一步察觉了和花岗岩体或岩脉接触的岩层，往往很明显呈交错和焦灼的状态，这就更证明了高温熔岩侵入的作用。另外，火成学派经过仔细地查看，组成玄武岩的矿物颗粒，也大都是从熔化状态下受到冷却而结晶的产物。诸如此类的事实，对水成学派的论点都是不利的。

哈屯这个人的性格比较温和，不像维尔纳那样顽固，没有做出像维尔纳那样公开顽强的表现，虽然他在内心对他那一派的观点是很坚定的，但在他的生前人们很少注意到他所提出的问题。哈屯这一派受到的压力，不仅来自水成学派，而且来自由于哈屯的观点比水成学派更不利于宗教传统的信念，这就受到宗教很严酷的迫害。还有一个原因，就是哈屯学派转入了下一场激烈的斗争，即渐变论和灾变论的斗争。

从地质科学的发展历史来看，在这个发展初期的阶段，水成学派和火成学派都做出了一定的贡献，在近代科学萌芽的阶段，他们在不断的斗争中，陆续地把地质科学向前推进。

当时斗争的激烈情况，可以从下述故事得到一点儿印象。

在苏格兰爱丁堡一个小山上的古城下，两派开展了一次现场讨论会，彼此互相指责和咒骂达到了白热化的程度，结果用拳头互相殴打一场，才散了会。散会以后，在愈来愈多有利于火成学派观点的事实面前，一时在地质学中占统治地位的水成学派内部逐渐瓦解，一向坚决支持维尔纳的门徒也一个个溜走了，最后以水成学派的完全失败而告终。这样，人们对地质现象的认识就大大地提高了一步。

二、渐变论和灾变论的斗争

以法国居维叶（Guvier）为首的灾变论学派认为，过去世界上一次又一次发生过灾难性的大变化，经过每一次灾变，世界的景象突然改变。例如过去有过洪水时期，在这个时期，洪水到处泛滥，山川原野和一切景物都改变了面貌，生物大批灭亡，经过这样一次毁灭性的变化以后，一个新的世界又重新出现。灾变论者指出，像1765年维苏威火山爆发，毁灭意大利的庞培和赫尔丘兰纽姆那些巨大的繁荣城市，活活地把千千万万人埋在横扫一切的岩流之下，当时，在西欧广泛引起了极端的恐怖。灾变论者抓住这些事实，于是纷纷议论，说既然现在在意大利的一个地区有这样的事实发生，难道在全世界更古的时代，就没有发生过规模更大的火山爆裂、白热岩流广泛流注，造成更可怕的灾难吗？如若灾变论者当时知道，在印度西部，大约在始新世时代，在中国西南部，石炭纪与二叠纪时代，地下突然有大量玄武岩迸出，范围之大远远超过了毁灭庞培那一次的火山爆裂。如若灾变论者当时知道，在人类已经出现的时期，在世界上不止一次出现了厚度达几百米乃至几千米的冰流，填满了山谷，覆盖着原野，形成**一望无际**的冰海，这个冷酷的景象给人类和其他生物带来的灾难又是来得多么突然！多么可怕！我们今天追索地球上一切景物变化的过程，还可以替灾变论者举出其他不少毁灭性的变化来支持他们的观点。例如，在地层中我们往往发现古生物群忽然而来，忽然而去等。

另外，还值得提出的是，灾变论者指出了洪水为灾以致生物的大批死亡，这很接近圣经上所提的洪水为灾的故事，因而得到了宗教势力的支持。

灾变论者指出了地球上突然发生的巨大变化，这对人们认识自然现象有一定的激发作用。而他们片面地强调这些现象，好像大自然的变化没有**秩序**、没有规律的，这对人们认识自然所需要的科学态度无所启发。

渐变论的倡导者，实际上也是以哈屯为首的。在他和水成论作斗争的年代里，他愈来愈清楚地认识了地球的自然变化是极其缓慢的，现在是这样，过去也不外乎这样。哈屯认为，我们只能根据现在世界上发生的一切，来了解和追索过去发生的一切，他认为这是很现实的。什么世界时时受到超自然灾难的设想，对哈屯来说，简直是神秘**不可思议**的。他对于这一点的信心，最好是用他自己的语言表达出来，他说："推动自然现象除了对于地球是自然的力量以外，再没有别的力量可以适用，除了在原理上我们所知道的行动（指自然界）以外，再没有别的可以许可。"哈屯毫不含糊地指出，现在地面上的山谷原野，并不是一成不变，而是逐渐消耗剥落成为泥沙、石子，被流水带到海里成层地积累起来，这些东西要是固结了就和陆上的岩

层一样，积累是非常慢的。陆上那么厚的岩层应该代表多么长的时间！这就对地球的过去打开了几乎**难以置信**的漫长历史，这个漫长的地质历史时期，自然力流行，看来没有什么和今天不同。

哈屯的论点，在他生前虽然没有引起人们的注意，但到了他的晚年，即18世纪的末叶，人们关于地层的知识一天比一天丰富起来了，因此灾变论也就**无形无影**被渐变论代替了。特别是18世纪后期，英国的施密斯在他开掘运河的工作中，取得了大量有关地层资料，运用化石划分地层、对比地层。根据化石的种类，不仅在西北欧那一小块地方建立了地层发展的程序，从而揭开了漫长的地质历史，而且这一方法的运用扩展到了世界的许多地区。

19世纪中叶，莱尔（Lyell）的名著《地质学原理》一书，总结了到他那个时代为止的经验，提出了渐变论这个名词。他把对矿物、岩石、地层、古生物等方面的研究，都纳入了地质科学的领域。他第一次把维尔纳的“原始岩石”中的结晶岩层分别出来，称为变质岩类。“变质”这个词，明确地显示着一切变质岩类，都是由普通的沉积岩层经过高压和高温的作用，发生了结晶和再结晶而形成的。后来的工作，证明了莱尔的看法是基本正确的。

莱尔对火成岩的组成和形态做了分析，指出了它们在许多地质现象中，并不像火成学派与水成学派**激烈**论战时那么重要。从莱尔的著作中可以看出，地层中所含的化石，是追索地球历史发展过程的主要资料。莱尔的这个观点，奠定了现代地质科学发展的基础。可以说，100 多年以来，全世界的地质工作基本上是以地层学为主导的。人们在这里、那里，在这个时代、那个时代，发现了火成岩的活动、地质构造运动和生物世界层出不穷的变化等，都是在很大的程度上与地层学和古生物学的发展分不开的。

为了寻找矿物资源，在世界上许多地区设立了地质调查机构，取得了大量的地质资料，特别是有关地层的资料，这就大大地扩展了地史学的领域，大大地丰富了它的内容。但是，由于 100 多年来，人们对地质现象的认识和利用的方法，基本上是以地层所提供的资料为主导的，这样做固然发展了地质学，但也束缚了地质学的发展。地层的记录，无论在哪个地区，总是残缺不全的，即使把全世界各处保存下来的地层全部拼凑起来，也不能反映地质时代的全部历史，而地质时代的历史，仅仅是地球历史极短的、最后的几页。

在这 100 多年来，现代的地质科学没有重大的跃进，但也发现了一些极应注意的大问题，至今还没有得到解决。

地质时代

地质时代是如何划分的？划分地质时代的重要依据是什么？地质构造运动形成了哪些地貌？

一、地质时代的划分

所谓地质时代，并没有严格的**界线**，一般是从最老的地层算起，直到最新的地层所代表的时代而言。最老的地层，当然包括变质岩层，最新的地层不包括冲积层。

广泛的实践经验证明，除了变质岩以外，许多不同时代形成的地层往往含有不同种类的化石，其中经常可以找出若干族类、种类只出现于某一层地层或者仅限于某几层地层。根据这种普遍存在的现象，在每一个地区从事地质工作的人们，经常在地层中**寻找**化石或者化石群作为标志来和其他地区的地层对比。有些化石是很特殊的，在上下地层垂直分布的范围很小，而在全世界的水平分布却很广。不管在各处的地层的岩石性质是否相同，只要它们所含的化石或化石群相同，它们的地质时代就是相同或大致相当的。这样一来，古生物化石的研究就成为划分地层的重要途径。

尽管在古代宗教徒对化石公然提出了一些诡怪的说法，然而那种迷信很快就被古生物学**揭穿**了。

这样，从发展过程的历史来看，古生物学和地层学是密切联系着的两个学科，但是就在它们发展的过程中，发生了争论，形成了两派：一派主张古生物学和地层学应该合起来搞；另一派主张把古生物学分开，让地层学站在一边，而由古生物学自己根据生物进化的过程建立一个独立的学科。这两派有时争论很激烈，有时也按传统习惯“各自为政”，到今天形势还是这样。

不管怎样，利用古生物遗迹和遗体来**划分**地层的方法，在

世界范围内，对地质的历史已经做出了很大的贡献。而地层在层序上，在阐明上下的关系，也就是新老的关系上，对古生物某些种族的发展过程，也**提供**了确实可靠的依据。

含有古生物遗迹或遗体的地层，只限于全部地层较新的一部分。这个较新的一部分，已经根据上述的观点，划分为若干时代的产物。但是，现在已经发现了，还有很厚一段较老的地层基本上不含化石，那就需要用其他的方法来鉴别它们产生的时代。未变质或浅变质的较老的地层，在中国叫震旦系，最厚达 10000 多米。但是，这个名词，在国外有的用，有的还固执地不用，统称为前寒武纪；而我们国家搞地质的也有一种跟外国传统走的倾向，也跟着叫前寒武纪，而不叫震旦纪。

自从某些物质**蜕变**现象被发现以来，人们就利用某些元素，特别是铀、钍、钾等的蜕变规律来鉴定地层的年代。因为用这个方法，可以求出地层中火成岩体中原来所含蜕变矿物存在的年龄所以，一般称为绝对年龄鉴定法。实际上，所谓绝对年龄，并不是绝对的，它只提供一个概略的数字。因此，这个名词不恰当，最好称作同位素年龄鉴定法。

二、地质构造运动的时期问题

地层并不是在水里或陆地上一层一层平铺上去的东西，而是在它们形成的某些阶段、某些地带发生了程度不等、方式不同的运动。这种机械运动只要达到了一定的强度，就从参加运动的地层的特殊结构反映出来。运动以后，受影响的地层，就不再是一层一层**平铺**上去了，而是发生规模不等的挠曲、褶皱、断裂等现象。同时，有些地区由于受了挤压的原因或地下深部隆起的原因，上升成山岳；另外一些地区平缓地下降成为洼地、湖沼或为海水所淹没。在山岳地带，由于大气的侵蚀作用，高山逐渐被剥落，乃至夷为平地；而在低洼地区，就接受那些剥落下来的物质，如石块、泥沙之类，暂时地或永久地停积下来。经过了这样一次地质构造运动以后，如果大面积地区又被淹没，那么在被削平了的挠曲、褶皱的地层上面，又会沉积一系列平铺的岩石。这些新沉积的岩层和其下老岩层不整合的关系，就标志着在某一个地质时代，地球上某一地区或地带发生过比较强烈的运动。有时，在这种运动发生的时期，在有关的地区往往有不同形状的火成岩侵入，同时那些侵入体有时带来了各种有用的矿产，这一切，当时也被削平了，也为新地层所覆盖。

上面所说的现象，是在地球上许多地区经常见到的现象，它们对有关地区的地质发展过程，也就是那个地区的地质历史是具有极其重要的意义的，这一点没有问题。问题在于：

1. 究竟这一段历史发生在什么时代，就是说在不整合面的上面的地层和下面受了短期或长期侵蚀的地层，能不能依靠古生物的鉴定，或者同位素年龄的鉴定来找出确切的答案呢？一般确切的答案是很难得到的。

2. 在不整合面代表长期受侵蚀的情况下，难道不会在这个受侵蚀的时期中，在不整合面上，有个时期被水淹没过，也停积过沉积物。后来，由于上升露出水面，又被侵蚀掉了？这样的过程，就没有地层的记录可考，我们不能排除这种情况的可能性，也不能排除这种事情反复发生过几次的可能性。中国北部，奥陶纪地层和石炭纪、二叠纪地层之间，有很长的时期缺乏地层的记录，这就是很好的一个例子。

3. 既然侵蚀的时间不能**确切**地鉴定，那就很难把在某一个地区发生的某一次运动和另外一个地区发生的某一次运动，严格地联系起来作为同一运动看待。特别是那两个地区相隔很远，对比起来就更没有把握。

但是，100 多年来世界各地的地质工作者，趋向于共同的认识，他们认为各地质时代中，地球上发生过几次强烈的运动，而每次强烈运动大体上是同时的。这里，我们需要追索一下这个概念形成和发展的过程。那几次巨大的运动，最初主要是根据西欧局部地区的地质条件定下来的，后来把它推广到世界上其他地区。事实上，在逐步扩大范围的过程中，在时间对比的问题上，已经引起了不少的争论。

尽管这样，最初的那个概念，一直占着**统治**地位，传到了俄罗斯，也传到了中国。所以，在中国的地质工作者，也就认为在我们的国度里也有什么加里东运动、华力西运动和阿尔卑斯运动等 3 次极其强烈的运动，也就不知不觉地套用了什么加里东等的名称。所以在地质工作者之间往往就发生这样毫无意义的争论：譬如说，秦岭这条山脉，你说是加里东运动形成的，他说是华力西运动形成的，诸如此类。这就说明一个问题，我们地质工作者把外国的东西**生搬硬套**，用来解决中国地质上的问题，这样就带来了严重的错误和巨大的损失。

事实上，根据中国地层发育的情况和其间不整合的关系，新中国成立以来，我们已经证实了一些规模巨大的运动。譬如说，燕山运动（在中生代时期）、吕梁运动（在震旦纪前期）等的存在，而这些运动在欧美等地区就不那么显著。甚至，从那里地层发育的现象得不到证明。反过来说，阿尔卑斯运动（时间是在第三纪的中叶）在欧洲的南部，确实是很激烈的，而在中国就见不到同时发生的强烈运动的痕迹。

以上所说的这些运动，都是指运动的时期或局部的方向而言，很少涉及到每次运动波及的范围内所造成的构造型式，关于这一点的重要性，另有**论述**。

三、地槽和地台问题

同一个时期的地层在地理条件不同的地区，构成它的沉积物的性质和厚度往往不大相同。就地层的厚度来说，有的地区从零到几米或者仅仅几厘米，而在另外一个地区厚度可以达到几十米或几百米；就沉积物的性质来说，在某些地区是泥沙层或石灰岩层之类，而在另外一些地区主要是粗、细沙砾岩层、煤层或夹若干石灰岩层等类的物质形成的。这种在地面上沉积物的变化，一般大都可以用地形隆起、低洼，**沉没**在水中或海中的深浅来加以说明。不过，通过这样的解释，来说明同一地质时期所产生的地层的变化，是有限度的，是一般性的。

1859年，霍尔（J.Hall）在北美东部阿帕拉契亚山脉的北部，发现了具有强烈褶皱的古生代浅海相地层，其厚度共达12公里以上。也就是说，比在阿帕拉契亚山脉以西的同一时代，几乎无褶皱的岩层，厚10倍到20倍。既然那些沉积物是浅海的产物，那么它们的产生必然是由于它们沉积的地带，边沉降、边沉积而造成的东西。后来，在那一带浅海沉积

中，又发现了夹杂着火山岩流之类的复杂岩层。1873年，达纳（J.D.Dana）进一步调查研究了这种现象，他把这样长期的沉降带和其中的沉积物，统称为地向斜（中文译名为地槽）。达纳以后，在世界其他地区，又发现了不少主要是由浅海沉积物形成的厚度很大的狭长地带。在这样的地带积累起来的沉积物，必然是那个地带边下沉、边沉积而产生的。地槽这个概念，也就逐渐普遍地被接受下来了。其中，显著的例子就是北美西部的柯迪勒拉地槽，南美西部的安第斯地槽，欧洲的阿尔卑斯地槽，欧亚分界的乌拉尔地槽，中国的祁连山、秦岭地槽等。

人们对地槽的认识，在地质构造现象中，确实提出了一个比较重要的问题。但是，也引起了一些疑问，首先是地槽的概念，不是那么明确。因此，在推广这个概念的过程中，就出现了各式各样的地槽，有的甚至与原来认为是典型地槽的特点并不符合。这还是次要的事情，更重要的问题是在地球上为什么发生了那些“地槽”？讲地槽的人们，好像认为地槽是天生的，不允许过问它的起源。科学工作者，对世界上的万事万物就是要问个“为什么”，闭口不谈地槽的起源，是非科学的。我们毕竟要问，每个确实存在的地槽，它为什么恰巧出现在它所在的地方？为什么所有地槽都占有一个长条形的地带？为什么经常有和它相伴随的、相反相成的隆起地带？这种隆起地带有时夹在地槽中间，有时靠近地槽的一边。当然，这些隆起地带由于受到侵蚀，现在或者已为平地，或者是和地槽中的沉积岩层一起转入了强烈的褶皱，有些人把这些伴随地槽的隆起地带称为地背斜。这个名称，恰好是和地向斜相配合的。根据这一类事实，如果我们把地槽和伴随它的地背斜，当作大陆上某些地带发生的巨型挠曲、褶皱看待，看来是合理的。也就是说，地球上大中小型的褶皱，在实质上基本是相同的，其不同之点，只是规模的大小，这样看问题，我们就可以把地向斜（地槽）、地背斜和其他大小型的向斜、背斜同样当作地壳形变现象处理。那种把地槽看作地球上特殊的、不需要过问起源的、天生的现象的论点，是不可知论，是反科学的论点。

地槽以外的地区，往往存在着褶皱甚为平缓，除了整体略为上升下降以外，看不出什么显著运动迹象的稳定地块。在乌拉尔山脉西侧广大的地区，就是属于这一类型的地块。俄罗斯的地质工作者们抓住了这一特殊现象，称它为俄罗斯地台。以后，他们在乌拉尔以东，又发现了一大块平地，叫作西伯利亚地台。从此，他们又推广了地台这个名称，一直推到中国来了，称中国这个地区为中国地台。其中又分为若干个较小的地台。经过长期的地质工作和比较深入的探测，人们在地台策源地的俄罗斯地台下面，发现了相当强烈的褶皱和火成岩的活动。而西伯利亚地台区，表面尽管平缓，下面的地层在有些地方褶皱也是非常剧烈的。在中国，全国范围内地层的褶皱，一般都是比较明显的，而在很多地带又是极为强烈的。所以在套用了中国地台这个名称的基础上，就不得不把各式各样的地台越划越小，在中国的大地构造中，就出现了许多这个、那个地台，而在这个、那个地台中又发现了褶皱带和断裂带互相穿插的情况，又创造了一个新学说，叫作“地台活化”论。请看，“地台活化”了，那还叫什么地台呢？这一个小小的例子，本来不值一提，但是从这里可以看出，西欧和苏联地质学界的这种主观主义和形而上学的观点，是怎样深深地影响着一部分中国地质工作者的，这就不是一个小事情。

四、沉积矿床

各种沉积层中的沉积物，有的具有工业价值，有的还没有找到工业上的用途。具有工业价值的沉积物，有的单独成层夹在普通岩石之中，有的工业矿物成薄片和普通岩层夹杂在一起，有的和普通岩石颗粒**混杂**在一起。关于成层的沉积矿床，最普通的例子有煤、铁、铝、磷、硫、岩盐、钾盐、石膏及其他盐类等。关于夹杂或混杂在岩层中的沉积矿床种类甚多，在岩层中**聚集**或分散的形式往往大不相同，这种夹杂或混杂在岩层中的有用矿物的来源，绝大部分是从原生矿床或含有那些有用矿物的古老岩石，经过侵蚀、风化和天然的分选而来的。这种类型的矿床，最值得注意的有含铜砂岩，含磷、含锰的岩层，含金、含铀的砂砾岩以及其他稀有金属、稀土元素、分散元素等。

以上是指由固体的矿物形成的固体矿床而言，其次，还有一些液体和气体的有用矿物质资源存在于岩层中。因为构成岩层的矿物颗粒之间，经常有大小不等的**空隙**，液体或气体往往充填这些空隙，其中具有最重要工业价值的液体和气体，就是大家所知道的石油和天然气。地下水也是夹杂在岩层中极其重要的成分。在某些地区，特别是干旱和盐碱地区，地下水对广大人民群众的日常生活和社会主义工农业建设，都是一种必不可少的资源。而在另外一些地区，如某些矿山开发的地区，它又可能造成灾害。

由于石油、天然气和水的特殊重要性以及它们在地下的流动性，地质工作者必须不断总结野外观测和实验的经验，通过实践、再实践来阐明这些矿物质的分布、动态和集中的规律，查明它们集中的地带和地区，分析它们的组成成分。显然，我们需要用特殊的方法来处理有关这一类资源的问题，与固体矿床的处理方法有所不同。就石油来说，我们首先应该根据地质和古地理条件来寻找哪些地区是具有有利于生油的条件。所谓有利于生油的条件：

1. 就是需要有比较广阔的低洼地区，曾长期为浅海或面积较大的湖水所淹没；

2. 这些低洼地区的周围需要有大量的生物繁殖，同时，在水中也要有极大量的微体生物繁殖；

3. 需要有适当的气候，为上述大量的生物滋生创造条件；

4. 需要陆地上经常输入大量的泥、沙到浅海或大湖里去，这样，就可以迅速把陆地上输送来的有机物质和水中繁殖速度极大而死亡极快的微体生物埋藏起来，不让它们腐烂成为气体向空中扩散而消失。

石油生成的论点很多，直到现在还莫衷一是。不过，大体上看来，上面的观点可以说是大致符合实际情况的。这仅仅是就石油的生成，也就是它生成时，当初分布的主要特点和一般情况而言。在地种分散的情况下，生产出来的点滴石油混杂在泥沙之中，是没有工业价值的，必须经过一种天然的程序，把那些分散的点滴集中起来，才有工业价值。这个天然的程序，就是含有石油的地层发生了褶皱和封闭性的断裂运动。

所以，我们找石油的指导思想：第一，要找生油区的所在和它的范围以及某些含有油气苗的征象（关于这一点，如果石油**埋藏**和封闭得比较好的话，不是经常可以找到的）；第二，进一步查明适合石油、天然气和水聚集的处所，石油工作者称那些处所为储油构造。

均衡代偿现象

地球的纬度是如何测算出来的？重重的大山的重量到底去了哪里呢？

由于地球自转的关系，地球表面的形状不是理想的球形，而是一个扁球形。两极的直径稍短，赤道的直径稍长，两者相差的数值大约为赤道直径的1/297。因为地球表面形状是个扁球，所以纬度每隔一度，在地面上的平均距离是随纬度各不相等，每一纬度与次一纬度在地面的差距是0.021公里。测量纬度的方法，都是以垂直线为标准，而垂直线不能不受质量**分布**的影响。

假如在同一经度上，两点之间或两点附近有大山脉存在，这时候垂直线受了大山脉的侧面吸引力，测量仪器的垂直观测线就不是真正的垂直线，而是稍向山脉**倾斜**。如果观测的两点在山脉一边，那么，近山脉的一点垂直线倾斜较大，远山脉的一点倾斜要小。这些倾斜角度，都可以用重力比较精确地计算

出来。然而据实际观测远星定位的结果，与按重力计算的结果不相符合，因此根据远星测量两点间的距离，往往和实际在地面丈量出来的两点间的距离不一致。

1709年，康熙四十八年五月十八日，康熙命天主教耶稣会神父雷孝思等人测制满洲地图，先从辽东入手，东北至鱼皮达子。1710年，康熙**复命**进至黑龙江，是年12月14日图成，实地丈量，尽到最大的努力，用三角法递推互较，并测定纬度，但经度则是约推。在当时的条件下，可算是比较精密的，而其结果是地图的某些部分**衔接**不起来。当时认为其原因是仪器不够精密或观测方法不够准确所致的，实际上并不是这样，而是没有考虑到重力变异的影响。这次经验，第一次揭露了地面丈量与经纬度测量两种方法之间的矛盾，明确了由此而得出的差距，可惜当时只是抓住了现象，而没有接触到问题的实质。

在印度北部靠近喜马拉雅山测量的结果，发现了由于喜马拉雅山的**吸引**力对垂直线的影响，只占山应有的吸引力的三分之一。在南美洲及其他地区也发现了类似的现象。甚至有人测量因山的吸引力而发生的倾斜不仅为零，有时还为负数。这样看来，大山是个“空壳子”，否则它的质量到哪里去了？这里显然存在一个极应注意的问题。

另外，在高山顶上进行测量，也发现了类似的现象。在高山的顶上，重力的数字应该是从海平面上的数字减去由于山的高度而失去的重力数字，加上由于山的质量而增加的重力数字。这两项数字，都可以精确地计算出来。这个实测的结果证明，山顶重力数字接近于山不存在的数字，那么，山的质量到哪里去了？

山不可能是“空壳”，构成山的岩石不可能无质量，而计算所得的结果，又是根据重力的规律所得，也不可能有重大的错误。有两种不同的想法用来解决这个矛盾：一种是，认为大山只是**漂浮**在地壳上部，一部分露出在地面，一部分伸入地下，因为造山的岩石，主要是属于硅铝层的岩石，也就是较轻的岩石。地下硅镁层的岩石较重，如若山的地下部分，插入较重的岩层所在的地位，好像冰山浮在海中那样，那么，因为山的存在对重力所发生的影响，就可以这样抵消了。另外一种看法，认为一座山的密度（单位体积的重量）在地下可能按一定的规律增加，增加到一定程度的时候，它和侧面岩层的比重相等，这样，因山的存在而对重力发生的影响，也可以抵消了。这样造成的**抵消**面，叫作均衡代偿基准面。

照第一种的看法，山是有根的。就是说地面上高低不等的地区，就造山的岩石来说，在它的表面和底面，有相应而又相反的形象，照第二种的看法，抵消基准面是与地球中分层的球面大致符合的。长期以来实践的经验，导致人们多数倾向于第二种看法，但在某些高山和高原地区，第一种看法是更切合实际的。

这种由于地形的高低不等，而没有发生应该发生的重力变更现象，叫作地壳均衡现象。之所以发生这种现象，主要是由于有关地区岩层上下的密度发生变化，或者高山、高原较轻岩层插入地下，而得以**补偿**。然而，补偿一般都不完全，由此就出现了所谓重力异常的现象。在很多地方和地带，我们可以比

较精密地测出重力异常区或异常带分布和**伸展**的情况，这对埋藏在地下的矿产资源和构造形态的探索，是有效方法之一。

大陆壳的上部由硅铝层构成，下部由硅镁层构成。大洋底部的上层有时平均有 1 公里厚的硅铝层，其下由 5 公里厚的硅镁层构成，有时无硅铝层。如果大陆壳和海底壳完全达到均衡的状态，在地表高低不等的地区，则地壳上下各层岩层密度的分布和各层高低的对比，各有差异，而**均衡代偿**基准面所在的深度，则应该都是一致的。

就是说，在高度不同的地区，地壳的厚度不同，硅铝层和硅镁层的厚度也各不相同，莫霍面的深度也各不相同。在大洋中，莫霍面约在海面下 10 公里，而在大陆上接近海平面的平原地区和高原地区，地壳的总厚度约为 30–36 公里。这个厚度就是莫霍面的深度。均衡代偿基准面在地幔表层以下。

以上是在地壳各部分完全达到了均衡代偿的条件下做出的估计。事实上，地壳各部分均衡代偿现象是极不平衡的。有些地壳部分，如太平洋底部，总体来说，与邻近的大陆之间，比较接近于均衡，但在它的周围和**邻近**的大陆地带之间，地壳高低起伏，相差很大。例如，邻近东亚大陆的太平洋海域中，从堪察加半岛—千岛群岛—日本列岛—琉球群岛的沿岸直到菲律宾往东，存在着一条地球上最长最深的海沟，其中有些部分，深度比 10 公里还大，邻近的岛屿地带，都**呈现**着极为显著的重力异常现象。这种重力异常带明显地反映在这些地域，连印度尼西亚群岛及其往南的海沟和新西兰及其东北的克马德克海堤和汤加海沟等地带在内，地壳远没有达到均衡代偿的要求。同样，在大陆上有许多地区，特别是高山和高原地区以及由新沉积物填平的低凹地带，通过重力测量，我们经常发现均衡代偿不良的现象。是什么力量干扰了这条规律的实现？不是别的，就是推动地壳运动的力量。地壳各部分，都在不断地通过代偿，争取达到均衡，地壳运动倾向于破坏均衡。地壳各部分争取达到均衡的倾向，可以引起有关的局部地区发生升降运动，但在地质时代的任何时期，它不可能成为发动全球性大规模地壳运动的有力因素。

《地质力学之基础与方法》序

地质工作的探求发展了不少，引起的纷争也不少，然而怎样才算是正确的方式呢？

做科学工作最能激发人兴趣的，与其说是问题的解决，恐怕不如说是问题的形成。任何一个实际问题很少是单纯的，总要对于构成一个问题的各项事物，实际上就是代表事物的那些词句的意义和那个问题展开的步骤，有了正确的认识，方才可以形成一个问题，做到这一步，问题可算已经解决了一半。

无论向宇宙或者向我们自己，我们不难一口气发出许多问题，但是这些问题，不一定都具有独立而且明了的意义，也许有些根本就不能成立。“今登高山而望群山皆为波浪之状，便是水泛如此，只不知因什么事凝了。”朱子用了“山”“水”“波浪”“泛”“凝”等项代表事物的词句，将他的问题这样展开，在770多年以前，已经见到如此地步，实在令人**敬佩**。可是从近代地质学的需要看来，又未免觉得问题的构成和展开不能这

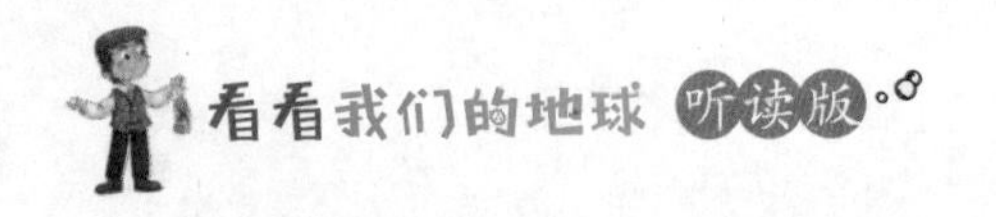

样**笼统**含糊。

经过100多年的地质工作，尤其在最近三四十年中，这一类的探求确实发展了不少，引起的**纷争**也就不少，虽然近代地质学人探求的方式比起朱子的方式要仔细多了、切实多了，然而说到怎样才算是正确的方式，仍然不免茫然。

这所谓造山运动所含的各项现象，并不仅关系山脉的造成。一切陆地运动的原因和结果，换句话说，一切岩层、岩体变动的原因和结果，都不免**牵扯**在一起，困难不一定在于这些现象本身性质复杂，不容易拿住要点，而往往在于因为复杂的关系，构成一个问题的各项事物穿插到普遍认为毫无关系的学科范围。比如地质学，人们自有他们传统的工作方式，要他们去研究物性力学，再来改订他们的构造地质或动力地质的问题，正和要大地物理学的人们切实去研究各种型式的地质构造和各种岩石的性质，再去提出他们的物理性质的问题一样困难。就一般而言，要站在不同的立场，用彼此不共通、不习惯的名词所代表的各项观念来形成一个问题，当然不太容易。可是事实上一切岩层、岩体变动的痕迹，很明显地关系地质构造，同时也关系物性，如果硬要把有关两方面的一个问题斩为两节，把这一节交给物理学人，那一节交给地质学人，那么，谁配开刀？况且事实多半不是那样简单，不见得处处步步都能干脆地**一刀两断**。反过来说，要把地质构造学建立在稳健的基础上，我们看不出在哪一段落可以避免物性力学的分析；又假

如要避免一般所谓地质物理问题变成了空洞的算学或物理学的习题，我们也没有理由漠视岩层所经过的种种变动。在这种需要之下，只有打破科学割据的旧习，做一种彻底联合的努力，方才有解决这类问题的希望。

冰川的起源

地球上为什么会有大面积的冰川呢？冰期对于冰川的形成有什么影响？冰川与太阳辐射又有着怎样的关系呢？

地球表面之所以发生大规模冰流现象，有种种不同的意见。其中比较重要的有下面几种看法：

（1）由于太阳**辐射**热减少，以致全球表面平均温度下降；太阳辐射热增加，地球表面温度也就随着变暖。这种太阳辐射热增减的幅度并不需要很大，就可以产生冰期、温暖或炎热的气候条件。

（2）大陆上升，气温下降，积雪扩大，形成相应广泛的冰流或冰盖。

（3）由于地球轨道的形状、地球自转轴对黄道平面倾斜角的改变和春秋**推移**现象的影响，地球接受太阳的热的总量和南北两半球接受的热量也因而改变，以致产生气候的变化，特别是南北两半球的气候差别。

（4）银河系旋转周期变更的影响。

（5）由于大陆漂流运动，在不同的地质时期，各个大陆块相对当时两极和赤道的位置各有不同。每一个时期，各大陆块接近两极的部分，就成为冰盖形成的策源地。

（6）由于大气层组成的条件变化，例如有时含水蒸气、二氧化碳和微尘、粒子特别多，就会在一定程度上妨碍太阳热直达地面，尤其是水蒸气特别多的时候，大约有70%由太阳送来的热反射到空中去了，这样地面的温度就会降低。

还有其他的一些论点。现在，我们看一看上面提出的几个比较重要的论点，究竟是否与地球长期以来发生了冰川活动的事实相符。

第一，太阳辐射热变化的论点，除了太阳黑子有一定的周期出现，因而轻微地影响地面的气候以外，没有发现任何可靠的理由来说明在地球漫长的历史时期，太阳曾经周期地或不规律地大量增减它的辐射热。

第二，大陆上升，当然会使大陆上升部分的气候变得更为寒冷。例如，有人认为，中国，特别是中国东部以及西伯利亚太平洋沿岸地区，在第四纪时代，平均高度可能达到海拔2000米以上。又如，在石炭纪与二叠纪时代，在印度半岛的中部，也是高原或高山地区，成为一个冰盖结集的中心，冰流向周围的地区流溢等。从这个论点出发，又向前推进一步，有些人认为，一次强烈的地壳运动，特别是造山运动的时代以后，就会来一次大冰期。这个论点，就某些地区来说，是可以作为进一步探索的基础，但远不能与全部事实对应。

第三，我们知道，地球轴像陀螺轴**摇摆**的周期那样，有一定的摇摆周期，这个周期是26 000年。地球轨道的偏心率变化，是92 000年一个周期。地轴对黄道平面的角差，现在是23° 30′，在21° 30′—24° 30′的限度内，一直经历着有周期的改变。这个周期是40 000年。这些变化联合起来，就会使地球接受太阳的辐射热量发生变化，从而使地球表面的温度发生变化。有人使用这些变化数据的组合画出一条曲线，表示60万年以来（最近又有人把这个曲线延长到一百万年以来）地球上温度的变化。从这条曲线中，他们认为可以看出，有一个长期的凉夏，以致在适当的纬度和高度的地区，冬天的积雪不致**融解**而形成永久的冰盖和冰流。又可以从曲线中看出，有几段较长的时期，即间冰期，夏季较热，以致冬季的积雪全部融解了。这种解说，可以勉强说明第四纪的冰期和间冰期的存在，但对那些更古老的冰期，在时间上的分布，就不相符合。

第四，银河系的旋转，大约2亿年一个周期，这又和三大冰期以及更古老的冰期之间相隔的时间不符。

第五，如若把非洲、澳大利亚和南美向南**挪动**，靠近南极大陆，可以说明古生代大冰期中，这些大陆南部都发生了冰期。但如果像有些人所主张的那样，还要把印度的北部从西藏底下抽出来，再把整个印度送到南极大陆附近去，从大陆构造的一般规律来看，实在是太玄妙了。

第六，大气层中的水汽，主要是由于陆地的水分和海水的蒸发而来的，也许可能有一小部分是由太阳发射质子向地球冲击，与大气上层的氧气遭遇而形成的。同时，在80余公里的高空中出现云层，构成这种云层的水分，其来源似乎与普通降雨的云层有所不同。大家知道，水是由氢和氧化合而成的，如若太阳发射质子轰击地球果真是事实，那么这种情况，在地球的漫长历史过程中，就不是时不时，而是会继续不断地出现。这样，大冰期就无时间性。那些大气层中的二氧化碳，主要是生物供给的，小部分是由火山喷出来的。有人强调，过去火山爆发，从地球喷出大量的二氧化碳，给了生物滋生的条件，形成了如石炭纪与二叠纪的煤层。但是，从地质上找不出这种迹象。因此，这个论点是不能成立的。

宇宙微尘粒子存在于天空中，的确是事实，在大洋底某些地方的一层极薄的红泥中，有一极小组成部分，来自宇宙空间，但它的降落不是时多时少或具有间歇性的，而是具有经常性的。也很难设想，在冰期时代，由宇宙空间忽然来了大量的宇宙微尘，以致大气层遮断太阳辐射热的作用，发生了巨大的变化。

看来，这些论点都不能解释冰期的出现。冰期是有时间性，但没有一定的周期。现在看来，冰期究竟是怎样产生的这个问题还没有得到解决。

有人从海洋方面，获得了海水和气温有关的一些现象。有些人对气温和海水的温度，从古生物方面获得了一些有关的“证据”，这主要是根据孢粉和古代植物的残迹以及氧 16 和氧 18 两种同位素成分对比的鉴定，得出了比较可靠的结论。通过这些方法所获得的结果是：在侏罗纪时代，某种海生碳酸盐介壳中所含的氧同位素的比例，证明在侏罗纪时代全世界海水的温度是比较温暖的，到了白垩纪时代，平均温度稍低，但还没有降到结冰的程度。这样看来，海水在侏罗纪以来**囤积**了大量的热，估计至少在最近5千万年的时期是这样。但是，到白垩纪的后期，海水的温度逐渐降低，到了第三纪的时候，还继续下降。在太平洋底采取的有孔虫化石，从阿拉斯加、西伯利亚海底，一直到太平洋赤道附近的若干地点所取得的样品，都同样表示海底温度继续下降的**趋势**。到第三纪的末期，太平洋海底的温度接近于零度。这时候正是第四纪大冰期将要开始。这些事实，从海洋方面提出了一个新的问题：海水失掉热量，继续冷却，和第四纪大冰期的出现，究竟有无联系？

对这个问题，多数人的意见是肯定的，并且有些人还提出了发展的过程。他们认为，在北极圈的范围以内，由于北冰洋周围四面都是大陆，仅仅在格陵兰和西北欧大陆之间与大西洋相通，在亚洲与美洲大陆之间，白令海峡可能也是向太平洋的通道。北冰洋在这样一个半封锁的情况下，其洋面由于缺乏潮流的循环，它的表面就比较容易结冰，一旦结了冰，冰面对反射太阳热的作用，就必然加强。这样它下面的海水，就形成一股冰流向大西洋和太平洋方向流去，使得大西洋和太平洋北部的海水逐渐变冷。这样下去，在这两个海洋北部邻近的地区，就创造了形成大规模的冰盖、冰流的必要条件：一是温度下降的程度和范围逐步扩大；二是有两个海洋供给**充分**的水分，使大陆上得到充分的降雪量。

按这样一个发展的过程来说，第四纪的大冰期，在北半球是由冻结了的北冰洋、格陵兰及其他邻近北冰洋、北太平洋、北大西洋地区开始的。这个推断，大体上与事实相符。在南半球，因为有一个南极大陆，四面为大洋所围绕，在那里形成大规模冰流、冰盖的上述两个条件早已存在，因此大冰期在南极大陆的开始应该更早一些。事实上，在格雷厄姆（南极半岛）早已发现了第三纪初期即始新世的冰碛物。这就更进一步加强了上述对第四纪大冰期发展过程的推断。

这样一个第四纪大冰期发展的过程，是不是**无穷无尽**继续往前发展？不是的。一个有趣的自然现象就在这里，当冰盖和冰流扩大了它们的范围，必然引起冷而干的气流向外扩散，以致冰前的海域和地区温度继续降低，降雪量减少，由于缺乏给养，冰盖和冰流就不得不后退，就是说，冰盖和冰流的发展达到一定的程度，就会产生消灭它自己的倾向。自然界有不少的事例，表明由于它自己的发展而归于**消灭**。因此，上述论点可以说是符合自然辩证法的。

地球上有许多局部地区，在不同的地质时代，发生过局部冰流泛滥的现象。这些由于局部的地质、地理条件所引起的冰流泛滥现象，与全球性或地球上广大面积陷入冰天雪地的景象意义迥然不同，那种局部发生冰盖或冰流的原因，应该从它们发生的地区和时代的古地理、古气候以及当时、当地的地质条件中去寻找，而大冰期的来临必然影响全球，是地球发展史中不可忽视的一件大事。

本篇**撇开**了局部冰流泛滥的问题，仅就大冰期的出现汇集了一些有关的资料和论点，其目的是阐明地球作为一个整体，在这一方面——主要是气候方面的经历，与它在其他方面的经历做个对比，以便寻求地球全部的历史发展过程。遗憾的是，在这一方面我们获得的成果还是很有限的，还有大量的工作有待于今后的努力。

为了总结经验，删去烦琐，现在把本篇中提出的一些重大问题，归纳为以下几点：

（1）地球存在的漫长历史过程中，反复经过几次大冰期，其中最近的三期都具有全球性的意义，时期也比较确定。这三期就是第四纪大冰期、古生代晚期大冰期和震旦纪大冰期。震旦纪以前，还有过大冰期的反复来临，但时代不大明确，证据有时也不大清楚。

（2）每一次大冰期中，都有冰盖和冰流扩展和收缩或消失的现象相间，分为亚冰期和间冰期。亚冰期是气候寒冷，降雪较多，冰层积累较厚，冰盖和冰流扩展的时期；而间冰期是气候温暖甚至炎热的时期，在间冰期中，冰盖和冰流收缩，甚至大部分消失。

（3）在三大冰期的时期，都有生物存在。虽然在震旦纪时代，只见有原始藻类繁殖的遗迹，而其后发生的两大冰期时代，都有高级生物继续生存，这就证明冰期时代，地球表面温度下降的幅度，并未大到使生物全部灭亡的程度。

（4）第四纪和震旦纪大冰期都是全球性的。但古生代晚期的大冰期，普遍影响了南半球；在北半球，只在印度留有遗迹，而印度，有些人认为是从南半球漂流来的。

（5）最后三大冰期，显示规律性不强的周期性，每两次大冰期之间，相隔2.5亿～3.5亿年。似乎有一种倾向，越古老的冰期，相隔时间越长。

（6）冰期的起源，看来是由一些非周期性的因素和一些周期性的因素复合起来而决定的。在这一方面，还有待于投入大量探索性的工作，才能做出最后的结论。

中国地势浅说

欧洲冒险家很早就对我国的地势进行了考察，并留下了珍贵的考察资料。中国的地势构造是如何分布的？泰山多由什么岩石而构成？

本书讨论的问题是中国地势的沿革，与中国疆域的沿革以及中国内部政治区域的沿革是截然两道。疆域的沿革，政治区域的沿革，是人类发生以后的事——是人类有了政治的组织以后的事。所以这些问题，当然归历史学家研究。至若我们现在的问题，包括人类发生以前或人类在极**幼稚**时代——那就是与猴子时代相距不远的旧石器（Palaeolithic）、新石器（Neolithic）时代，在我们现在所谓中国的这一块地域里的海陆陵谷之变迁以及气候之**更迭**等事实。总括这些变迁，似乎应有一个专门术语，在未得妥当的名词以前，我现在试称为地势的沿革。那就是地质史的一个方面。研究这个问题，自不待言是我们地质学家的事。

欧美各国的地质学家，关于他们本国地势的沿革，多少都有点儿研究。联合参详各处研究的结果，我们今天才知道我们人类的祖先还未到这个世界以前，世界上已经有了许久许多的**沧桑**之变。然而关于我们中国这一大块地皮，除了几个好事的、冒险的欧美人外，竟然没有多少人过问。我们现在关于我们自己国内地势的**变迁**的知识，大半是由这些冒险家得来的。他们对于学术上既然有如此的贡献，现在我乘这个机会，把他们几位的名字列举出来，聊以表示我们感谢的意思。

1862–1865 年，美国的庞培勒（R.Pumpelly）可算得是头一个地质学家到中国来研究地质。他所研究的地域，大半限于满洲、蒙古及东北各省。3 年后，德国的李希霍芬（F.V.Richthofen）就到中国来着手他的毕生事业。与李希霍芬同时来的有戴卫（A.David），他曾到过蒙古、江西，并横断、秦岭东部；又有金斯米尔（T.W.Kingsmill），曾在长江流域调查；又有比克摩尔（A.S.Bickmore），曾由广东走到汉口。他们虽然多少各有点儿贡献，然而与李希霍芬却是不可同日而语。

1877–1880 年间，匈牙利的洛采（L.Loczy）随着塞切尼（Szechenyi）的科学调查队，由长江下游穿过秦岭，入甘肃，沿南山（即祁连山）东北麓进行，**转折**经过四川北部、西部，再由云南的西部到缅甸。当时内地风气不开，地方自然不免有仇外的情形。据说洛采曾经过种种困难。再数年后，有俄罗斯地质学家奥勃洛奇（V.A.Obrutchov）往来于南山数次，并历四川北部及蒙古等处。1898 年，福德勒（K.Futterer）由新疆穿过沙漠，复由甘肃过秦岭，出长江下游。其采集的材料颇为可观，惜未加以详细的分析和编纂。其余若勒普兰斯（F.Leprince Ringnet），洛伦兹（Th.Lorenz），伏吉尔桑格（K.Vogelsang），对于中国东北部及川鄂毗连各属均各有研究，尤以洛伦兹在山东调查研究之结果，在地层学上最为重要。

当这些学者在那里做断断续续的调查研究的时候，李希霍芬发表了许多关于中国地质的论文，并陆续发刊他的名著《中国》（China）。这一部书一直到今天，总算是关于中国地质的最重要的著作，可惜书未写完而人已去世了。1903 年，美国地质学家维理斯（Bailey Willis）和布莱克维尔德（E.Blackwelder）受卡内基·梅隆大学（Carnegie Institute）的委任，来中国调查地质。他们在中国不过 5 个月，曾到山东、辽东，又由河北南部到山西东部，经过唐县、五台、忻州、太原、西安，复由西安穿过秦岭，经过川东、鄂西诸属，至宜昌终止。他们此次研究的成绩，以他们所费的时间而论，可算得不少。

至若中国西南各省地质的情形，大半是由法国人考察出来的。最初有湄公河的调查队。继以勒克莱尔（Leclere）及兰登诺（Lantenois）的调查队。1910 年，戴普勒（J.Deprat）对于云南东部的地质，似乎费了一番力量，外间对于戴普勒之为人，虽有种种物议，然而他所编的报告，究竟未可一概轻视。

近 20 年来，日本人对于中国的地质，往往有所著述，其中以横山、矢部、后藤、早坂、小野诸氏著作较多。他们的著作大都在东京帝国大学理科报告。我们可在日本地质学杂志、地质学报及其他关于地质大学的报告中，寻出他们的著作。这都是有价值的东西。

以中国人研究中国地质而有成绩可考者，就我所知，自丁文江、翁文灏、章鸿钊三位先生始。自北京地质调查所成立以来，我们关于中国地质的知识，大有日新月异之势。但是我们中国的面积如此之大，考察出来的结果如此之少，要想讲讲中国地势的沿革谈何容易。所以我们现在所能讨论的，只是一个简而又简的概略。至于详细的情形、确实的证据及还有许多其他方面，则不能不待我们自己发奋有为，到各处观察，仔细研究。

可以供我们讨论的材料的来源，大致如此。现在我们应当进一步划定讨论的范围，那就是我们所讨论的地势沿革应从什么时代起。据数十百年来地质学家的观察，我们现在视为千古不变的山川岩石，无时无刻不在变更。不过变得极慢，所以大家都不知不觉。又据种种地质学上的事实，我们敢断言地面变更的情形，在人类未发生以前，有许久的时间与我们现在目击的变更，无论就种类而论，或程度而论，无极大的差异。这就是均变的学说，创于莱尔。我们谈地质史最重要的根据，就在这个原则的身上。然则我们现在不能不问这种均匀的变更是无始无终的，亦或是到了过去的时代均变的原则就不能适用了？如若从今日起向过去推，推到一定的时代，当时变更的结果与现今截然不同。那时致变更的原因亦必不同。于是均匀的变更，在地球上从那时才开始。我们地质学家考究一地的地质学史，也只好从那时起。比如历史学家考究一国一民族的历史，只好从那一国一民族初有历史的记录那一天起。

关于均变学说适用的范围，自莱伊尔以后，学者主张颇不一致。极端**主张**均变者，以为沉积岩初发生的时候，就是均匀的变化开始的时候。这种主张不过是一个主张，我们颇难判决它的是非，也不必判决它的是非。

古生物学家和地质学家依古代生物继承的情形及古代地壳极显著的**鼓动**，将海陆划分以后，直至今日，地球所历的时间，分为若干时代。正如历史学家将中国历史分为若干朝代一般。学地质学的人大概都知道的，这些地质时代如下表。

时代名目			距现今的年数（以百万为单位）
新生世	最新（Pleistocene）		约 1.0
	更新（Pilocene）		约 2.5
	次新（Miocene）		约 6.3
	少新（Oligocene）		约 8.4
	初新（Eocene）		约 30.8
中生世	枯烈纪（Gretaceous）		—
	侏罗纪（Jurassic）		—
	三叠纪（Triassic）		—
古生世	二叠纪（Permian）	煤纪	—
	葭篷纪（Carboniferous）		约 146
	泥盆纪（Devonian）		—
	志留纪（Silurian）		—
	奥陶纪（Ordovician）		约 209
	寒武纪（Cambrian）		—
	亚尔良纪（Algonkian）		—
	玄古（Archean）		710

在学过地质学的人看起来，有时代的名目便够了，然而未曾学过地质学的人看了这些名词，如未学历史的人看了周宣王

时代、罗马恺撒（Caesar）时代等名目一样，没有什么意义，所以我把这些时代到今天大概的年数举出来。这些数目，是从含放射元素的矿物推算出来的，并不可靠。所以列入表中，不过借以表明年代之长。上述所列的各时代，都有特别的岩层及生物群为代表，最要紧是上面各时代的**次序**。我们人类初发生的时期，现在虽不能十分断定，然顶古也不能过“更新”期。新生世之初，才有哺乳动物发生，二叠纪时鸟始生，志留纪时鱼始生，寒武纪初组织较完全的动物如三叶类、腕足类、珊瑚类始出现，而以三叶为最盛。寒武纪以前，亦当有初级的生物生存于世，然而留下的遗迹极少。这是生物学上、地质学上极有趣的一个问题，而在中国北方研究要算正好，因为中国北方寒武纪以前的岩石极为**发育**，并且有一部分未曾遭甚大的变更，如藏有化石，不难详考它的形状。

就我们现在地质学上的知识判断，均匀的变更，至迟也必不在亚尔艮纪以后。那么，我们现在讨论的范围，无妨就从亚尔艮纪的末造起。

范围既定，关于我们研究的方法，讨论的根据，不能不略加解释。我有一位同事，他曾教授人类学，有一天他正好老老实实地把历史以前的人类的生活状态说了一番，说完了，有一位听讲的起来质问他，说：“我们知道历史的事实，因为有史册记载可凭。你所说的历史以前的人类生活状态，既无记载可据，你何以知道？你的话我都不信！”我那位同事生了气，以为这个人对于学术太无**信仰**，不足与之谈。我却以为那一位质问的先生倒很有道理，我们如若将他的疑问稍以分析，我们就知道他的用意是要问用什么方法，有什么根据，使我们知道历史以前的人类的生活状态。现在我们在讨论中国地势的沿革以前，似乎也应当把我们的方法说出来，并且同时把我们的根据撮要地摆出来。即令我们的推论结案不对，我们所举的事实还是事实，那些事实总是有用的。

讲地质学的人都知道一个老比喻，那就是我们脚踏的地层，好像是一册书，一层就是书的一页，书中有文字、图画描写事实。地层由种种岩质构成，并有时夹着生物的遗体。我们知道现在地球上的地域，常有某种岩石堆积成层。所以从过去时代所造成各地层质料的性质，我们可以推测当时岩层停积之处为何项地域，或为湖沼，或为河床，或为海湾，或为深洋。岩层中所夹的化石不独表示岩层生成之年代，并且有时亦能表示其生成的地域，因为大洋的生物群，浅海的生物群，咸水中的生物群，淡水中的生物群，各有特征。地质学家所当研究的，就是这些事。诸如此类，数不胜数。我现在不过举一二最显著之点，以求见信于非地质学家而抱怀疑态度的人。不怀疑不能见真理。所以我很希望大家都取一种怀疑的态度，不要被已成的学说压倒。

现在我可以讲中国地势的沿革了。我们当注意的头一件事，就是中国的地质构造可分为南北两部。秦岭山脉为天然的界限，秦岭以北称为北部，秦岭以南称为南部。中国南部地层的构造较为复杂，所以我们知道中国南方地势的变迁较为复杂；北方构造除西北一隅外，极为简单，所以我们知道北部海陆的变迁颇为简单。

玄古的岩石在中国北方露头甚多，在山东东部、东北尤著。内蒙古、山西、河北各处都有露头。此项最古的岩石，维理斯和布莱克维尔德称为泰山杂岩。因为造成泰山的岩石，据布莱克维尔德的观察，都是属于这一类。泰山杂岩中夹着许多片麻岩。那些片麻岩，也许是沙泥质的变形。假若它们果真是沙质泥质的变形，那是在玄古的时代海陆早已划分，种种地质的**变更**，已经照常进行，但是它们原来是否为沙泥？还是未定。即令是沙泥等质，即令它们足以表示玄古时代侵蚀的作用，然而那泰山杂岩中的各项岩石，都经过剧变而杂乱无章，由某种岩石的分配而断定当时海陆的**分配**，是绝对做不到的事，所以玄古时代中国的地势的问题，我们现在尽可不必做无谓的讨论。以前所定讨论的范围，就研究的方法看来，实在是不得已而划定的。

地史的纪元

人们对于地球的年龄有哪些计算方法?

听说去年约力教授(J· Joly)在牛津大学讲第27次薄伊尔讲演(Robert Boyle Lecture)时,又提起地球年龄的问题。约氏对于这个问题素有研究,并曾出专书讨论(如 Radioactivity and Geology)。此次讲演,想必更有新的发现,可惜我们不能当场领教,而且连他的讲稿亦不曾看过。直到在1926年四月出版的《自然》上,看见霍姆斯(Arthur Holmes)对于他批评的文字,才知道这个**半生半死**的问题,近来在西方又复活起来了。

头一件事令我们注意的就是约力此次提出讨论的题目。以前关于这一类的讨论,一般科学家所用的题目,都是"地球的年龄"。约氏此次不说地球的年龄,而说"地史学上地球的年龄"。这种命题的确可以免去一般人的**误解**。历史学家从事实上不能不把人类的历史分为有史以前和有史以后的两段,地史学家似乎也应该把有地史(指有地史的遗迹而言)以前和有地史以后的时期分为两段。在前一段时期中，地球经过何等的变化，经过若干年代，依我们现在的知识看来，谁也不敢断言。地球究竟是如何产生的，还是一个悬案，怎样能**大言不惭**地去说地球的年龄。

地球前一段的历史，固然现在还是一笔糊涂账。但是自从海陆划分以来，至少地面上的变更，确实有许多遗迹可考。这个海陆划分的时期，可算是地史发端的时期。约力所说地史学上地球的年龄，也就是从这个时期算起。

前面已说过，我们是未曾读过约氏的论文的人。我们当然不敢妄加议论，**批评**约氏的长短。但是霍姆斯也曾著了一本专著，讨论地球经过的年代。他在《自然》上对于约力教授的批评，对与不对，我们虽然不便加以严格的判断，但是他所发表的意见的确可以供我们参考。

在介绍霍氏的意见以前，待我先把关于计算地球年龄的几种重要方法略述一次：

（1）根据地球的热状。在各种方法之中，恐怕要算这种方法最老，开尔文（Kelvin）首先提出。开氏假定地球最初为一团热汁。这团热汁，渐渐**冷却**，必定发生对流（Convecton）现象，使中心与表面的温度大致相等。等到全体凝结成了固体，它的温度才能下降。历时愈久，表面与中心的温度相差愈大。换一句话说，地球自从凝结成了固体以后，它全体便不能保持平均的温度，愈到内部愈热，愈近外面愈冷。在一定的时期，一定的地点，温度的变更率（temperaturegradient）、传热物质的密度、比热及其传热率有一定的关系。那种关系，可以用傅里叶（Fourier）的方程式表明。现在地球表面上温度的变更率，各种岩石的平均密度、比热以及传热率，都能实地地测验。所以只要知道地球当凝结时的温度，我们应该可以算出造成现今温度变更率所要的年代。开尔文假定地球当凝结时的温度为华氏 7000 度，即摄氏 3871 度，算出的结果，得地球的年龄 9600 万岁。开氏正在那里**自鸣得意**，忽然翻出地史学上的大量事实，证明他计算的地球年龄未免太轻了！

这种方法的缺点是**显而易见**的。不用讲我们不能假定地球的过去，有一个时期全体固结，全体温度平均。就是现在除了极肤浅的壳子以外，我们并不敢断定它是什么物质造成，呈什么状态，况且有许多放射元素，至少在地壳中不断地供给热量。假若放射元素在地中分配的情形与在地面相似，据计算的结果，地球的温度。不但不能减少，还应增加。对于开尔文的大作，我们似乎不必再客气了。

（2）根据地层的总厚。这种方法也是很老的。它的原则极为简单。我们都知道地面的岩石，有一部分是由泥土、沙砾固结而成。那些泥土、沙砾之所以发生，大半是因为已成的岩石受了风雨的摧残，经过河流的输送，而停积在湖海里的。在停积的当时，虽是**杂乱无章**的泥沙，而历时甚久，就变为层层垒叠的岩石。自海陆划分的时期以至今日，陆地受风雨的侵蚀，不或停止。所以水里的停积物，也是层复一层，不断地增加。现在假如知道地球上停积岩层的总厚，又知道每年停积的厚度若干，用后者除前者，应该得出地球自海陆划分以来的年数。

这个方法，在理论上再简单不过，可是在事实上，则大谬不然。因为关于除数和被除数的调查或计算，都是大费工夫。那些难处，我们不必一一从理论上讨论，单看下表中所列各家计算结果相差若是之远，就够了。

调查人	岩层总厚	每停积 0.3 米厚所需的年数	年龄
赫胥黎	30480 米	1000	1 亿
毫顿	54010 米	8616	15.25 亿
拉巴朗	45720 米	600	9000 万
格基	30480 米	730 至 6800	7300 万至 6 亿 8000 万
索拉士	78029 米	100	2650 万

即令将来我们得到极详细的调查，我们有什么方法断定现今的停积率与过去的平均停积率成如何的比例？然则这第二种方法也不可靠。

（3）根据海中的钠量。溶在海水中的盐质，种类虽多，只有钠（Na）质，有**蓄积**于海中的趋势。其余各种盐质，终久必被排去。假若知道现在海中溶钠的总量若干，又知道现今每年由河流输送到海里去的钠量若干；如若每年加入的钠量千古不变，我们立刻就能算出自从世界上有海洋以来到今日所经历的年代。据穆雷（Murray）的调查，世界上海水平均的密度为 1.026。又据卡斯滕（Karsten）的调查，海洋全体的**容积**为 1281704827 立方公里。所以海洋全体的质量为 1178270×10^{12} 吨。钠质在海水中，平均占百分之 1.08。所以现在海中的总钠量应为 12600×10^{12} 吨，每年由河流送入海洋的钠量世界总计有 156000000 吨。从这两个数目，得海洋的年龄约 8080 万年。

如此计算，在算术上虽然没有误差。但是事实上还有许多困难。关于海洋中钠质的总数，以上所说的几项调查，还算精密，大约与实数相去不甚远。至若关于海洋中每年增加的钠量，调查计算，都不容易。前说的数目，乃是从分析世界上各大河流**排泄物**所得结果。据精密的考查，河流中所含的钠，有一部分是从海里吹来的，那种吹来送去的钠质，当然不应列入每年增加的量中。我们还要知道，在过去各地质时代，有一部分的钠质，时而和泥沙混在一道，加入在岩石里面；时而与岩石同时受侵蚀作用，转入海洋，转来转去，成**循环**的状况。最后还有一层绝大的疑问：那就是当海洋初成的时候，海水中是否已经有若干钠质，无从断定。凡此等等，都足以表明实际上计算的困难。

（4）根据含放射元素的矿物中铀与氦或铅的比率。在种种测算地球年龄的方法中，要算这个方法最新、最**漂亮**，也可说是最靠得住。我们在实验室中，已经得了十二分的证据，证明铀（U）、钍（Th）等质，放射了亚尔发质点后，即变为他种放射元素。那新生成的放射元素，又放射亚尔发质点，又变为他种元素。如此递变不已，最后变成铅质。每一种放射元素，都有一定的生存期限。由一定的分量减到一半所要的时间，普通名曰半衰期。各种放射元素的半衰期，都是一定的。与温度、压力、化合的状态等绝对没有关系。放射出来的亚尔发质点，都是荷电的质点。它失掉了电性，就成了氦气。所以凡属含铀、钍等质的矿物，其中必有若干氦和铅存在，据精细的测验，每一钱铀质，每年可发生 1.22×10^{-10} 钱的铅。因为这种变化进行极慢，所以铅的产生率可视为一个恒数。

假如现在有一块含铀的矿物，我们知道它所属的地质时代，我们只要测出那块矿物中铀与铅的比率，再用 1.22×10^{-10} 除之，就可以知道从那个地质时代到现在的年数。

这种计算的方法，在理论上似乎极为**圆满**。但是事实上也有不容易解释的地方。比如根据同一地方同一时代的各种矿物计算，所得的结果往往不等，而从含铀矿物所得的结果，往往高于从含钍矿物所得的结果。约力教授举出一个例来说，锡兰有一种黑铀矿（Pitehblende）及一种钍矿（Thorite），同产于一地，但是从铀、铅的比率计算，得 5.12 亿年；而从钍、铅的比率计算，只有 1.3 亿年。

现在我们再来看看约力的结论和霍姆斯的批评。约力的结论，仿佛是注重某种含钍矿物中的钍与铅之比，而以海洋的咸度（即钠量）为佐证。他**主张**自玄古时代到现今，大概在 1.6 亿至 2.4 亿年。

霍氏对于约力所选择的材料不甚满意。他说钍中的铅，容易**溶解**。所以约氏所用的钍矿，其中必有一部分铅已经消失。因此所得的年数过小。铀矿中的铅比较难于溶解，所以自初次产生以来，应该都蓄积在矿中。约力不用铀矿而用钍矿，的确有点儿不妥，就是钍矿中也有年龄超过四百兆者，更足以帮助霍氏的意见。至若海洋的咸度，关系复杂，前已说过，殊不足引为佐证。若仔细地思量，恐怕向来从海洋咸度所弄出来的年龄，只有失之太少，或失之太多。

关于研究地球的年龄，约力教授总算是一位前辈。但是他去年在牛津大学所发表的新结果，我们不敢完全**赞成**。霍氏的辩证，似乎都有相当的道理。将来关于放射元素测验的方法，假若更加精密，恐怕计算的结果，只有数目增大，不会减少。在现今的知识程度之下，我们无妨认定自从玄古时代到今日的年数，与中华民国的人口数——那就是4亿，大致相等。